U0745684

簪钗之美

舟郎顾 著

人民邮电出版社
北京

图书在版编目（CIP）数据

簪钗之美 / 舟郎顾著. -- 北京 : 人民邮电出版社,
2025. -- ISBN 978-7-115-66971-1

Ⅰ. TS974.21

中国国家版本馆 CIP 数据核字第 20258EL370 号

内 容 提 要

簪钗不仅是传统发饰的代名词，更是一种承载思想与艺术表达的独特载体。

本书作者舟郎顾以其独特匠心，致力于手工簪钗的设计与制作。其作品不仅继承了中式传统美学的精髓，更将多种传统工艺巧妙融合，并融入个人特色鲜明的设计理念与创新手法，为传统饰品注入新的生命力，使其焕发出别样光彩。

本书共分为四章，不仅详细介绍了市面上常见的簪钗工艺类型，如缠花、绒花、烫花、天然石发簪等，更融入了作者的创作心得与实践智慧。本书兼具实用价值与人文内涵，不仅能为想寻求专业指导的制簪手工艺人提供参考，也适合每一位想要了解簪钗文化普通读者阅读。

◆ 著　　　　舟郎顾
　责任编辑　宋　倩
　责任印制　周昇亮

◆ 人民邮电出版社出版发行　　北京市丰台区成寿寺路 11 号
　邮编　100164　　电子邮件　315@ptpress.com.cn
　网址　https://www.ptpress.com.cn
　北京九天鸿程印刷有限责任公司印刷

◆ 开本：787×1092　1/16
　印张：10.5　　　　2025 年 7 月第 1 版
　字数：268 千字　　2025 年 8 月北京第 2 次印刷

定价：109.80 元

读者服务热线：(010)81055296　印装质量热线：(010)81055316
反盗版热线：(010)81055315

序言

Preface

簪钗，以其多样的材质和精巧的工艺闻名。作为中国传统饰品中极具代表性的品类之一，它不仅在出土文物中静静诉说着历史的沧桑，也在精美的古画中勾勒着仕女的笄礼，在诗词歌赋里吟诵着文人的笔墨风流。在当代传统文化复兴的浪潮中，簪钗艺术逐渐从历史的深处走向大众视野，其独特的美学价值与深厚的文化内涵，正被越来越多的人所欣赏与珍视。

我希望通过这本书，与热爱传统文化的读者共话簪钗。希望每一位翻开本书的读者，在领略簪钗的至美之余，亦能拥有动手尝试的灵感与勇气。

愿本书能为读者打开一扇通往传统艺术之美的窗，希望大家在学习簪钗制作的过程中，不仅取得技艺的进步，更能感受到传统美学的永恒魅力。

贰 ◆ 发饰手工的基础制作与技巧

叁 ◆ 簪钗制作案例巩固

肆 ◆ 作品赏析

目录

Contents

壹 ◆ 常见的中国传统发饰

壹

常见的中国传统发饰

常见的发饰种类

发簪作为中国最具代表性的传统饰品之一，承载着数千年的历史沉淀与文化精华。它不仅是古人日常生活的实用之物，更是中华文化中不可或缺的艺术载体。《辞海》中对发簪的解释为：『簪，古人用来插定发髻或连冠于发的一种长针，后来专指妇女插髻的首饰。』从新石器时代的朴素造型到明清时期的精工巧艺，发簪见证了中国传统文化的演进与升华。

在古代，人们几乎都有蓄发的习俗，因此簪最初的功能是用于固定发髻。它并不仅仅是女性的专属饰品，男性同样会使用发簪来整理发型或固定冠冕。

发簪的历史可以追溯到新石器时代。受限于当时的材料和加工手段，发簪多以兽骨、石料、贝类等天然材料制成，经过简单打磨后呈锥状，能较好地固定发髻。随着社会的发展与审美意识的提升，发簪的制作工艺越来越精进，发簪的功能逐渐从单纯的实用性向美观性转变。

簪

簪是由“笄”发展演变而来的，作为发簪的前身，“笄”在古代汉族礼制中具有特殊意义。古代女子成年行“笄礼”时，由母亲或德高望重的女性为其梳发并插上笄，象征着女孩正式跨入成年阶段。现在，发簪大多专指簪身为一根长棍的发饰。

除了实用功能，发簪还被赋予了许多文化内涵。古人常以发簪作为表达情感的信物，尤其是男女之间的定情之物。此外，发簪还具有许多特殊用途。例如，银质发簪可检测部分有毒物质，成为古人验毒的工具之一。尖锐的长簪可用于防身或扎孔，而耳挖簪则兼具挖耳、分发、剔牙等多种功能。这些巧妙的设计不仅体现了古人的智慧，也体现了发簪在日常生活中的多重价值。

竹酒 · 缠花发簪

花事了 · 螺钿蝶戏花钗

静赏 · 牡丹玉蝶插梳

钗

钗与簪的区别是发簪通常作一股，而钗一般分作两股，比簪更为稳固、不易脱落，也有由三股簪棍组成的三足钗、有线条变化的异形钗等，发钗也可以用来绾发。

插梳

多齿的插梳通常适合搭配有一定重量的饰品，能更好地撑住簪花，在华丽复杂的造型中经常会使用到。

竹梅双清 · 垂姿步摇

空谷幽兰 · 软簪花

步摇

在簪钗上坠以珠玉或链条，制成流苏，行走之时随之摆动，饰物也更熠熠生辉。“步摇”便是因为行步则摇动而得名。

软簪花

没有主体的簪花，可直接佩戴于发间，也可作为瓶插、摆件等装饰品使用。

青梅嗅 · 绒花羊角梳篦

梳篦

梳篦，又称栉，是中国古代传统发饰之一，也是一种古老的中国传统手工艺品。

齿稀的称“梳”，齿密的称“篦”，梳理头发用梳，清除发垢用篦。古时多以骨、木、竹、角、象牙等制成。梳篦是古时人手必备之物，尤其妇女，几乎梳不离身，在当时形成插梳风气。

现在，梳篦除了作为发梳使用，更多时候是一种发间的装饰。

不同的发饰工艺介绍

火棘 · 玛瑙果簇发钗

缠花

缠花制作是将各色丝线，在以金属丝和纸板构成的坯架上均匀地缠绕，而后根据缠花部件不同的形状、大小，可作为花瓣或叶片，再通过组合，制作成花、鸟、蝶等。制作过程从剪样、劈线、缠绕、染色到组装，非常考验耐心。

由于缠花拥有丝线的光泽，也被称为“立体刺绣”。不同的线材制作的缠花有着不同的质感，常用的线材有无捻线、紧捻线、人造丝、丝绒线、渐变蚕丝线等。制作好的缠花色泽柔美，还可以通过内里的金属丝调整造型，目前是非常受欢迎的手作选择。

绒花、掐丝绒花

绒花是江苏省级非物质文化遗产名录之一。绒花谐音“荣华”，是由天然蚕丝线和细金属丝作为原材料制作的。传统绒花的图案大多是象征吉祥的凤凰、寿桃、福字双喜字、石榴以及各式的花朵。

绒花的制作工序繁多，有炼丝、染色、拴绒、勾条、打尖、烫绒等多道工序。其中“烫绒”就是将圆柱状的绒条烫压成扁平状，用来制作花瓣、叶片、鸟羽、蝴蝶等，也可以在烫平的绒片上粘上金属掐丝，提升精致度。圆柱状绒条与烫平的扁绒条各有特色，可以根据创作意图选择或者进行搭配。

烫花

烫花用上浆布料来制作，需要剪样、染色、再用烫花器烫型，制作出来的簪花弧度优美，耐用度高，且不同的布料，质感、光泽各有不同。用布料做的簪花非常轻软，做较大体量的发饰时也能做到轻便、易佩戴。

桃气春烟 · 绒花簪钗

永夜 · 白昙烫花发簪

天然石发簪

将天然石雕刻成花瓣、叶片、蝴蝶等形状后，再组装成簪花，视觉效果华丽、通透，常用材料有翡翠、水晶、玛瑙等，故天然石簪钗与其他簪钗相比，通常更具重量。

绕线发簪

盘线的手法一般称为“绕花丝”或“拴丝绕线”工艺，将金属丝用丝线细密地包裹，除了作为绑料器、玉石花瓣的拴丝外，也可以将整段长拴丝盘成螺旋状的图样，作为装饰点缀在发饰上，极具古典韵味。

玉兰枝翠玉发钗

云水中 · 祥云绕线发钗

菊盏 · 料器花钗

料器发簪

料器是一种琉璃艺术，也是国家级非物质文化遗产之一。料器在以前通常是作为小摆件和装饰盆景来制作，由于光泽剔透，质地温润，现在也常被用来制作发饰。将料器的花瓣、叶片组合后绑在发簪主体上，制作非常方便。

点鹦鹉羽牡丹发饰　制作：月玖记

花丝镶嵌与点翠

花丝镶嵌是中国传统手工艺，是将金银等贵重金属加工成细丝，以推垒、掐丝、编织、火焊等技艺来造型，还可以镶嵌珠玉、宝石来进行搭配。很多花丝镶嵌的发簪会和点翠工艺结合，就是将翠鸟背部亮丽的蓝色羽毛仔细地镶嵌在底胎上。然而翠鸟现已是国家保护动物，目前的点翠技法均采用代替品，如染色鹅毛，自然脱落的孔雀羽、鹦鹉羽或是缎面丝带，同样精美夺目。

热缩花簪

热缩片，是一种遇热会缩小且可塑形的胶片，可在其表面染色和绘制花样。热缩片的质地与塑料相似，除了制作发簪还能做成各种挂饰、胸针、戒指等，具有轻巧、可塑性强的优点。

栀子花热缩发钗　制作：苏大仙手作

辑珠发饰

辑珠是一种传统的手工艺，使用细小的珍珠、宝石，通过精细的编织手法将它们串联，形成各种花纹或形状。这种技艺常用于制作宫廷最高等级的饰品，除了制作发饰，也可用来制作朝珠、手串、扣子等。

中国地大物博，与发簪相关的历史文化和内涵都有着更深的探究意义。以上简述仅是目前市面较为常见的发饰种类。

发簪承载着深厚的历史底蕴和丰富的文化内涵。它不仅是古代头饰的重要组成部分，在呈现不同时期的工艺与审美之时，还有着不同的象征和寓意。

辑珠花簪　制作：千山景逸

贰 发饰手工的基础制作与技巧

制作发饰的常用工具与材料

◎金属丝

常用的有❶铜丝、❷不锈钢软丝、❸纸包铁丝等。0.3mm~0.4mm不锈钢软丝适合固定配件、制作弹簧。#26和#28 型号的纸包铁丝适用于大部分烫花的制作。

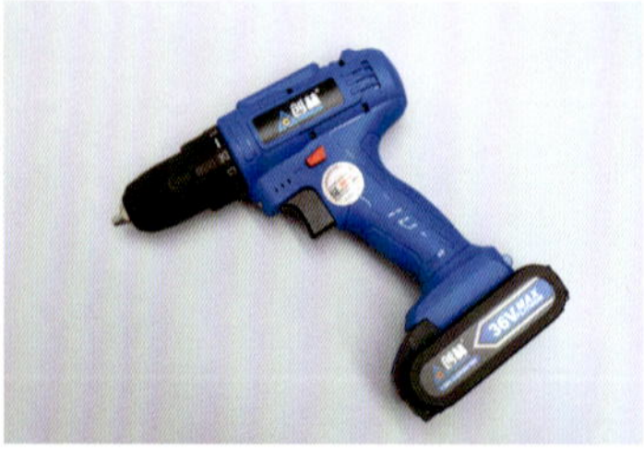

◎电钻工具

可以把金属丝拧成麻花丝，用于掐丝绒花、拴丝弹簧的制作。

◎丝线

❶蚕丝线用于缠花和绒花的制作，有无捻线、苏绣线、湘绣线等多种蚕丝线可供选择。❷丝绒线可用于缠花、拴丝的制作，也可以作为绑线使用。

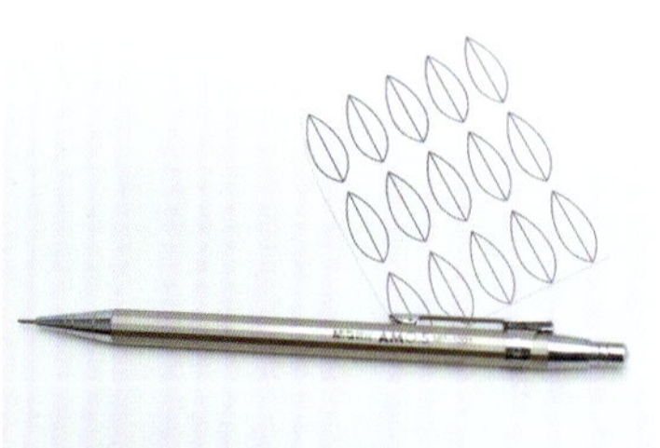

◎卡纸

350g的白卡纸可用来制作缠花，既可手绘心仪造型的花片，也可购买市面上打印的成品花片卡纸。

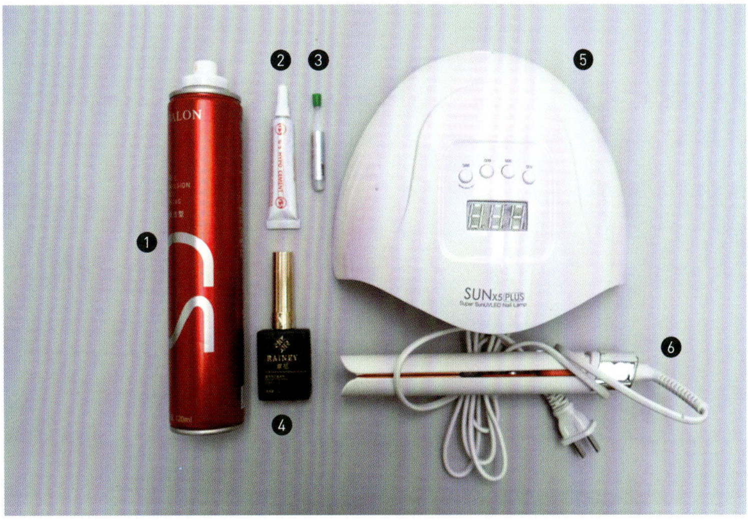

◎加固类材料与工具

缠花花片与绒片需要用到❶发胶来定型。❷针嘴慢干胶用来制作掐丝绒花。❸快干珠宝胶可以粘贴戒面、加固主体与枝杆的固定等。制作蝴蝶身体时常用到❹封层胶，可以使蝴蝶身体光滑整洁，使用封层胶时需要搭配一个❺美甲灯使其硬化。❻直板夹可以搭配专用隔热贴使用，能增加使用寿命，是制作掐丝绒花的必备品。

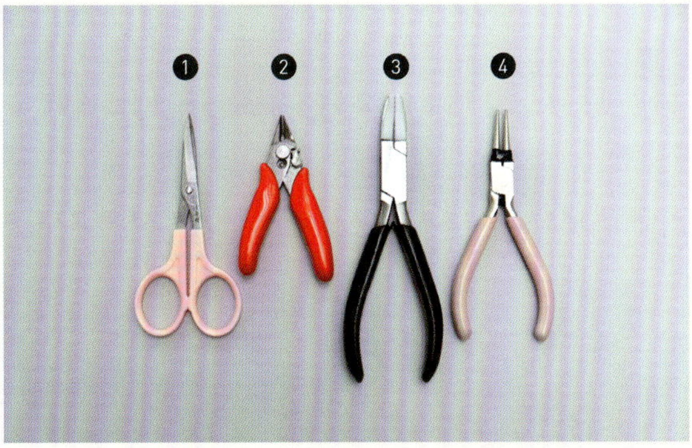

◎剪钳类工具

❶剪刀用来剪卡纸、丝线。❷剪钳用来剪断金属丝、多余枝杆等较坚硬部分。❸硅胶头尼龙钳用来给枝杆塑型。❹圆嘴钳辅助调整造型。

◎上色材料与工具

❶固体水彩可以给缠花花片染渐变色。❷液体布料染料用来给烫花染色。❹丙烯可搭配封层胶制作蝴蝶身体。❸金墨、❺直液走珠笔、❻丙烯笔用来为掐丝绒花或烫花手绘花纹、图案。

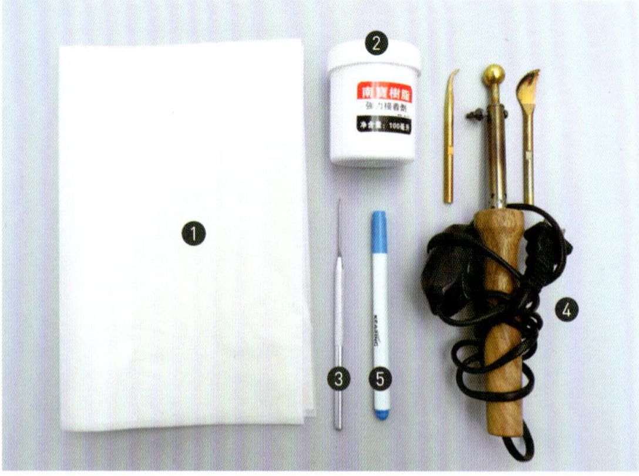

◎上浆布料与烫花工具

制作烫花需要用到上浆好的❶布料，常用的材质有绸、绢、纱、缎等。❷南宝树脂用来粘贴烫花面料的正反面，搭配❸抹胶棒使用。❹烫花器不仅可以给烫花造型，也能处理掐丝后的绒片，使其更平整光滑，可以根据需要选择不同的烫镘（从左至右为瓣镘、球镘、刀镘）。❺使用水消笔可以在布料上画出想要的形状，沾水后画笔痕迹会消失。

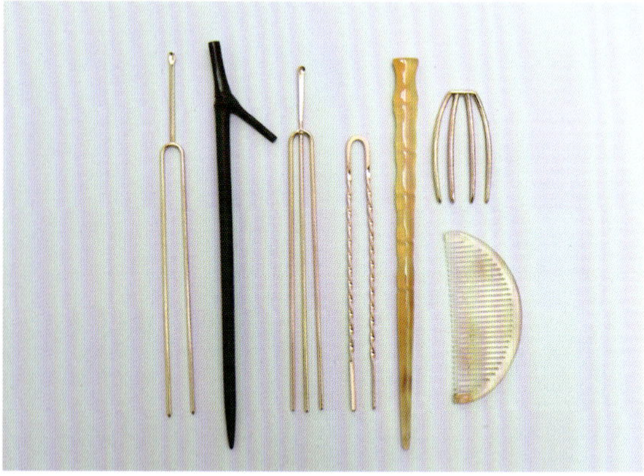

◎发饰主体

常用的发饰主体有簪、钗、插梳发梳，材质分为金属、竹料、羊角等。

◎各式配件

包括料器、天然石的花瓣叶子、珠子、戒面，以及各式造型的雕件。另外，还会用到蜡线、鱼线、金属制的花蕊等。

缠花制作

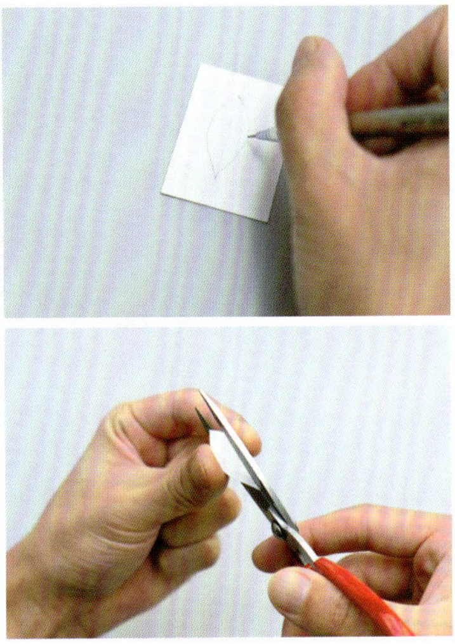

1.在卡纸上画出想要的形状，剪下来后再从中线一分为二。

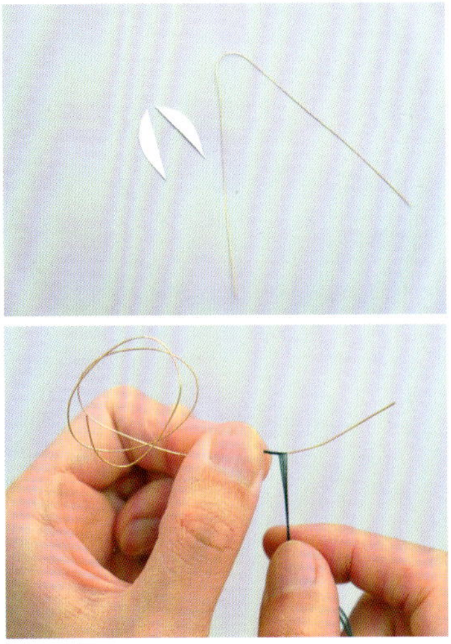

2.取一段长度合适的金属丝，建议使用0.4mm的铜丝或不锈钢软丝，在金属丝的一端用丝线均匀地缠绕。

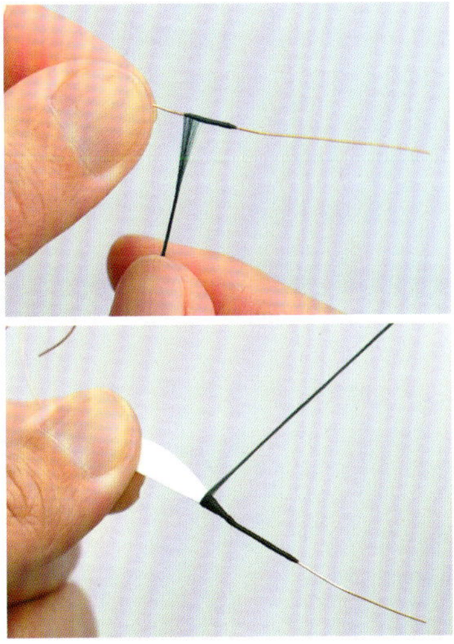

3.缠绕一小段距离后反向回缠，包住之前缠绕的部分，然后把右边花片卡纸覆盖在金属丝上，用丝线均匀缠绕在卡纸上。

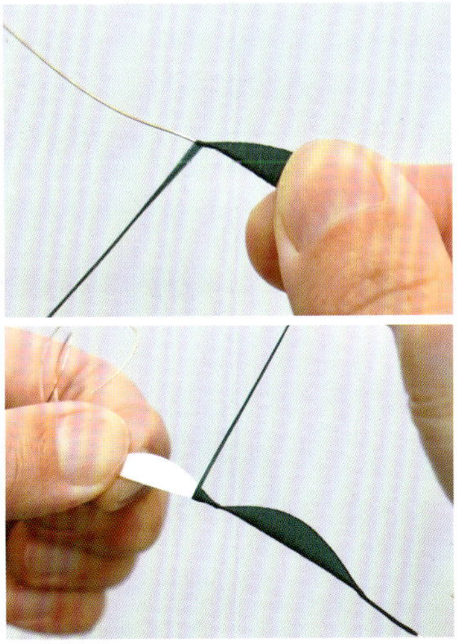

4.缠完右边卡纸后在铜丝上缠一小段丝线，而后加入左边卡纸继续均匀地缠绕丝线，注意分辨卡纸的头尾部分。

5.缠好花片后将它们合并绑在一起，用手指或尼龙钳把花片的尖端部分捏紧。

6.用指腹将缠好的花片拗出想要的弧度，然后用打火机快速地燎一下，烧掉丝线的毛糙部分。

7.对花片喷适量的发胶定型，晾干后一片基础的缠花花片就制作完成了。

拴丝制作

◎拴丝

1.取一段想要长度的金属丝。

2.在靠近金属丝末尾处用丝绒线缠绕，缠绕一段距离后再反向回缠，包住之前缠绕的丝线。

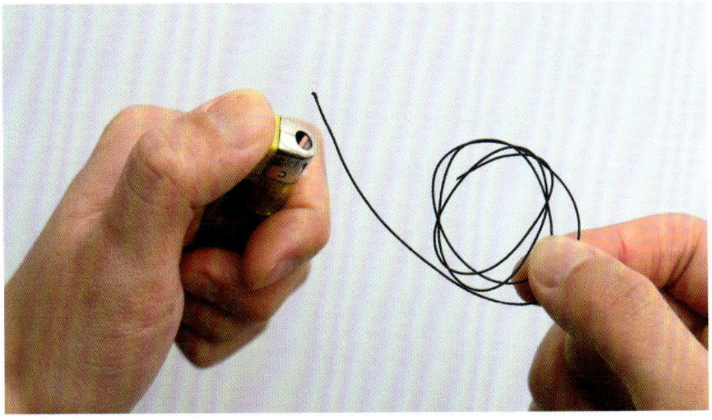

3.一直均匀地缠绕丝绒线，缠至金属丝另一末端后用打火机快速地燎一下，使丝绒线收紧。

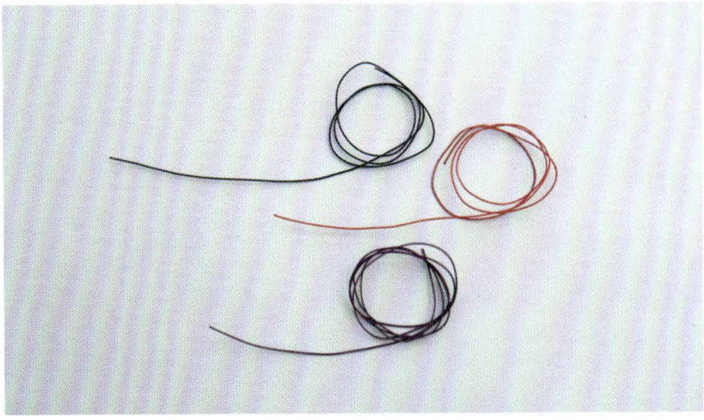

4.剪掉金属丝的多余部分，一根捻丝就完成了，根据不同需要可以选择不同粗细的金属丝和丝线颜色。

◎绕花丝

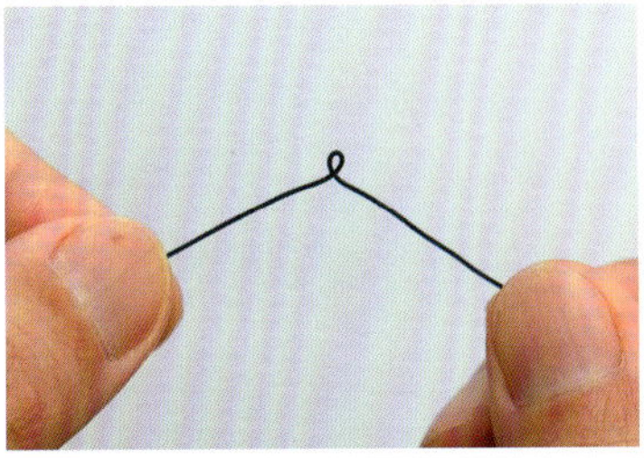

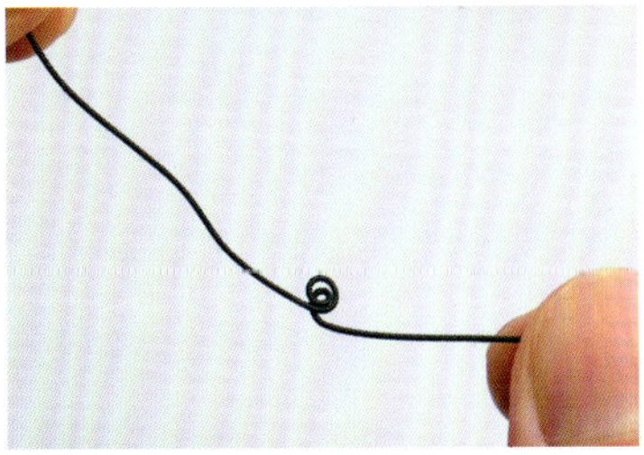

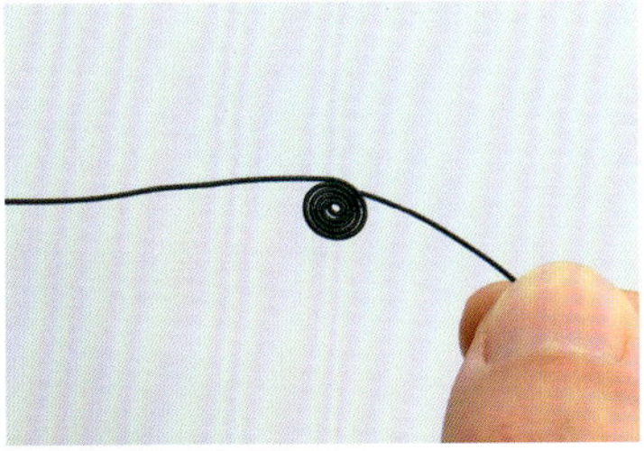

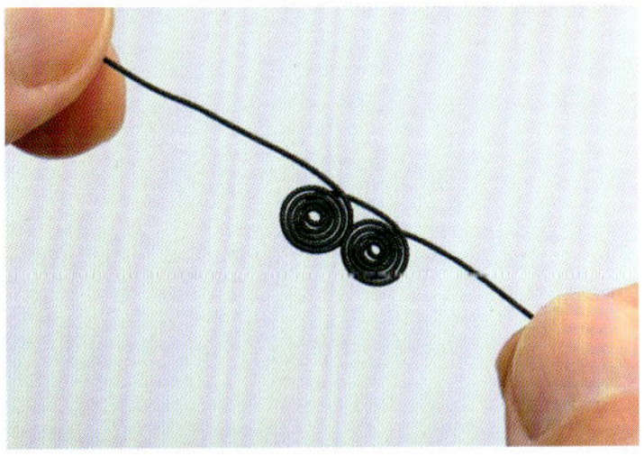

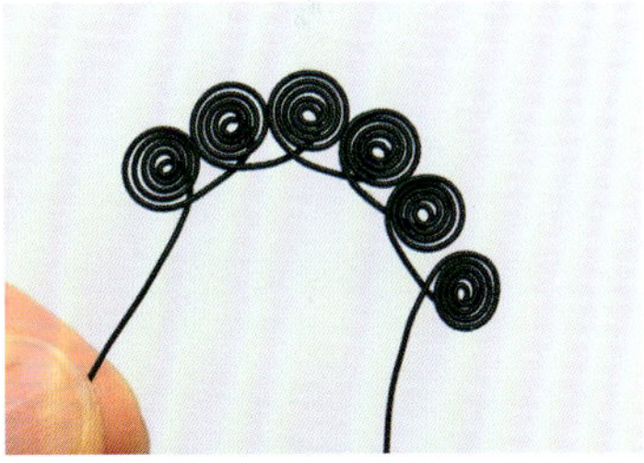

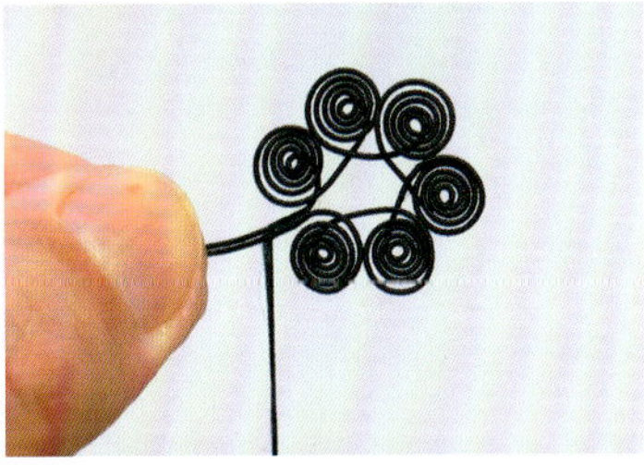

1.取一根缠好丝绒线的捻丝，0.5~0.9mm的铜丝都很适合做绕花丝，开头预留一部分长度，以螺旋形由内而外紧密地回拗捻丝。

2.将捻丝绕数圈后捋顺，预留适当长度，继续重复上一步回拗的步骤，注意，拗出的螺旋大小要与上一个相近。

3.拗出数个连续的螺旋形状后，将多余捻丝的首尾处绑在一起，一个绕花丝部件就做好了。

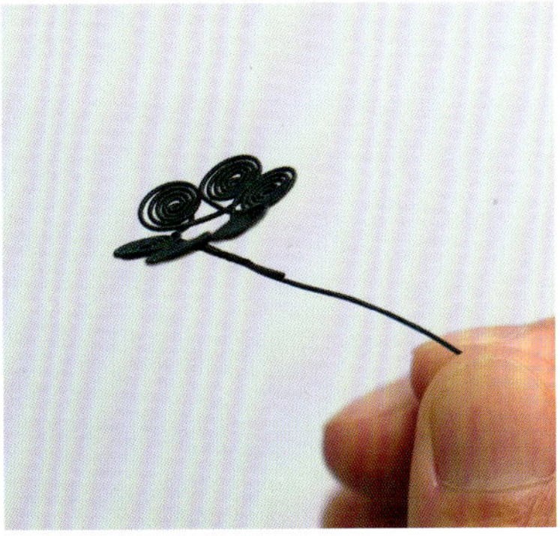

4.将绑好的枝杆部分回折至整个绕花丝部件的底部，再在正中心的位置将枝杆向下弯折。

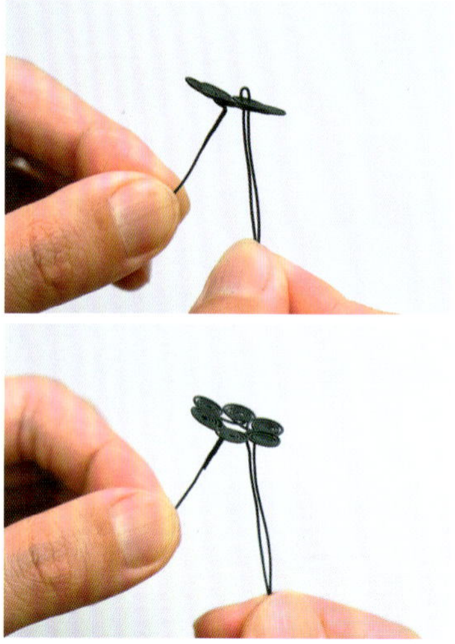

5.另外取一根较短的拴丝，穿过绕花丝上的另外一边。

6.将底部的拴丝合并绑好，一个绕花丝的花心便制作完成了。

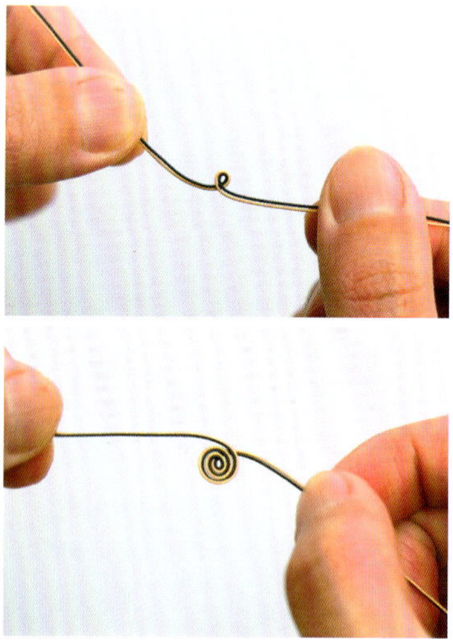

7.同样的做法也可以用两根拴丝来制作，这样可以做出双色的绕花丝，注意，过程中要始终让两根拴丝保持平整，拴丝出现交叉时要及时捋顺。

8.以此类推，可以制作由两根、三根拴丝组成的绕花丝部件，注意，过程中需要捏紧拴丝，方便塑型。

◎绕线盘

1.取一段掐丝，通常0.5～1.0mm的铜丝都适合做绕线盘（如图所示），预留一定的长度后以螺旋形开始拗掐丝。

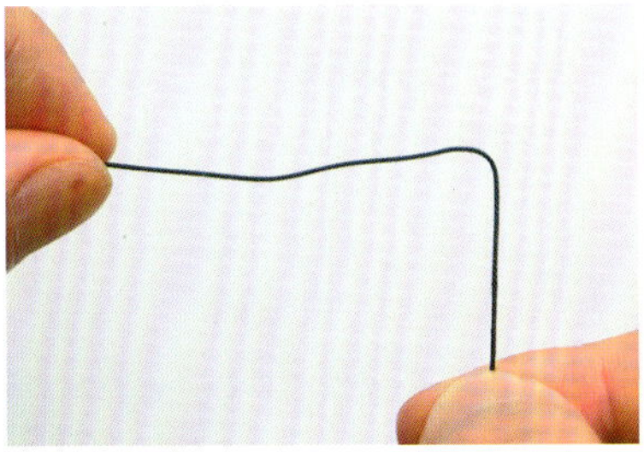

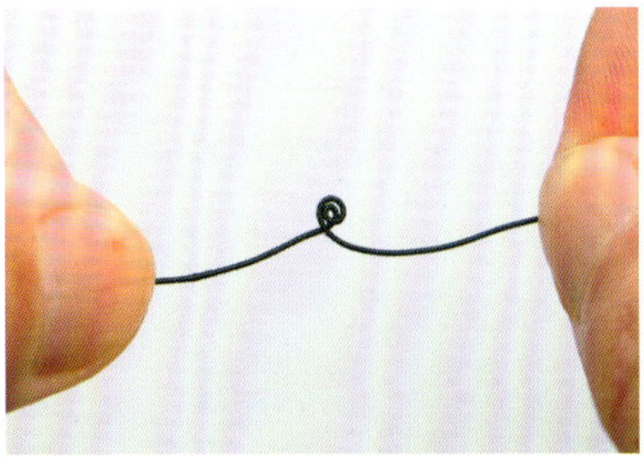

2.紧密地缠至想要的绕线盘大小后，将掐丝拉至开头预留处，并将其与预留的掐丝折成同一方向。

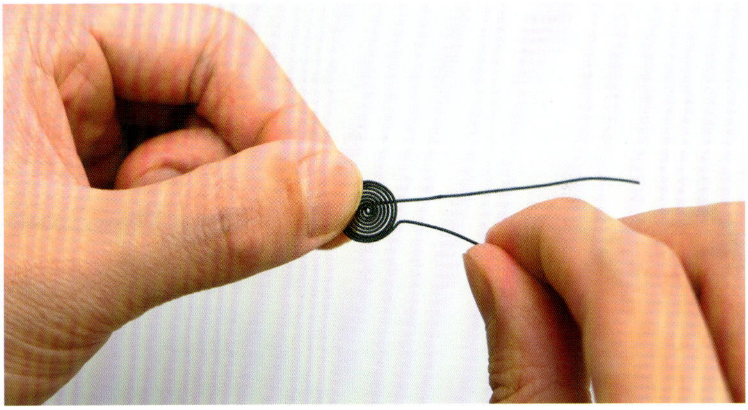

3.将两根掐丝合并绑好，一个绕线盘配件便做好了。做绕线盘时要注意，圈数不可过多，否则易产生变形。

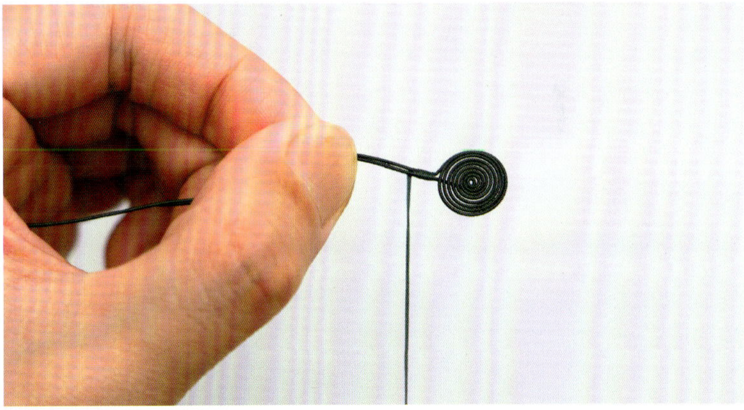

4.不同粗细的掐丝可用来制作不同大小的绕线盘，背面的结构如图所示。

◎绕花丝水纹 / 云纹

1.准备好两根0.5mm铜丝的缠线拴丝，长度40cm左右，可以准备两种不同颜色的丝线。

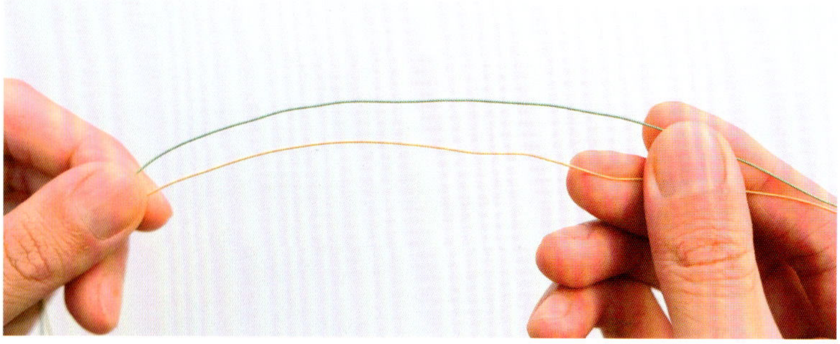

2.预留一部分长度的拴丝，然后以螺旋形由内而外紧密地回拗拴丝数圈，做出一个双色的绕线盘，过程中两根拴丝要保持紧密与平整，一旦出现交叉或松散的情况就要及时调整。

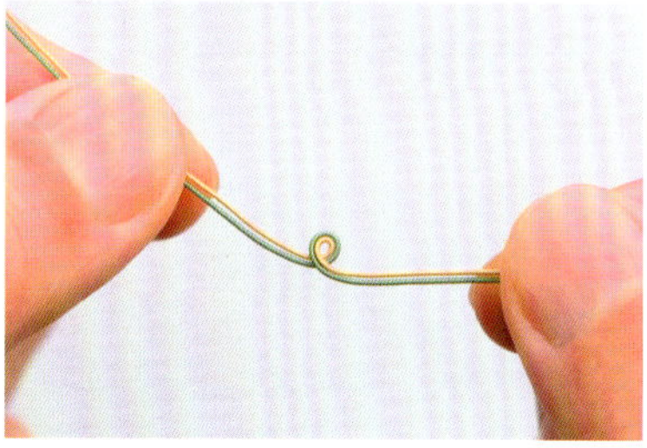

3.用剩下的拴丝起头再做一个小号的绕线盘，绕两到三圈即可，覆盖在上一个做好的绕线盘上。

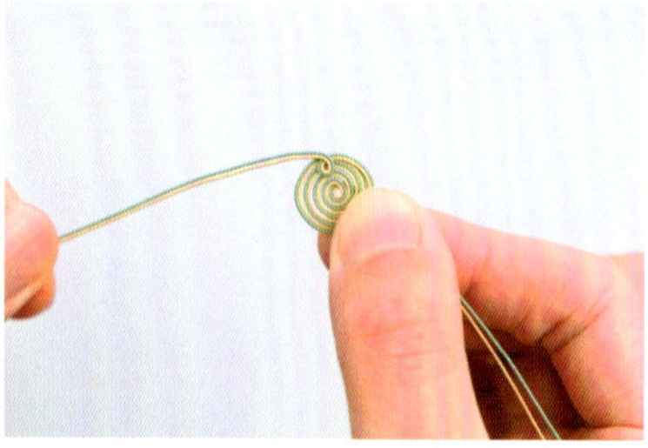
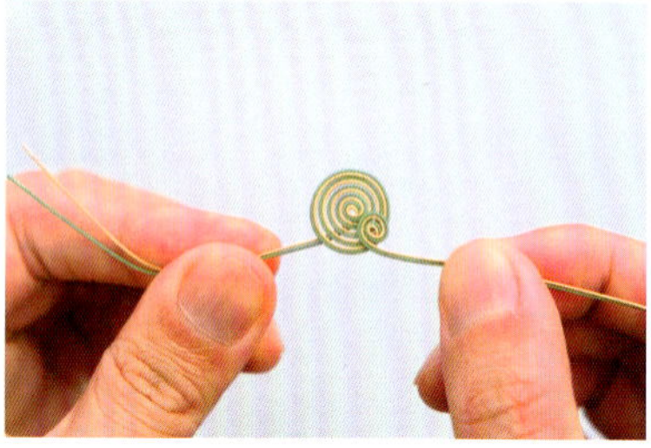

4.将剩余的拴丝弯折到大号绕线盘的背后，按压一下弯折处使其贴紧绕线盘。

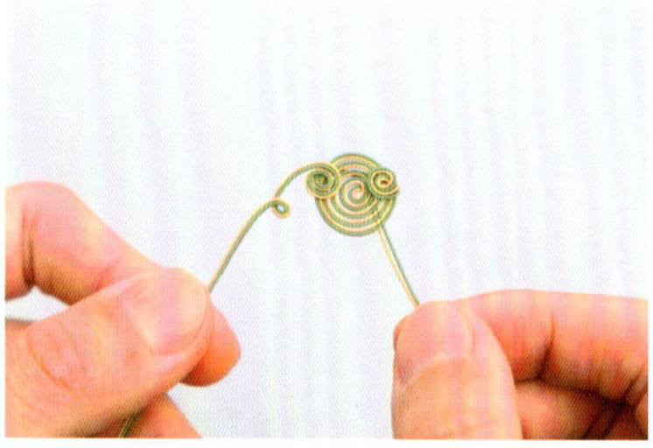
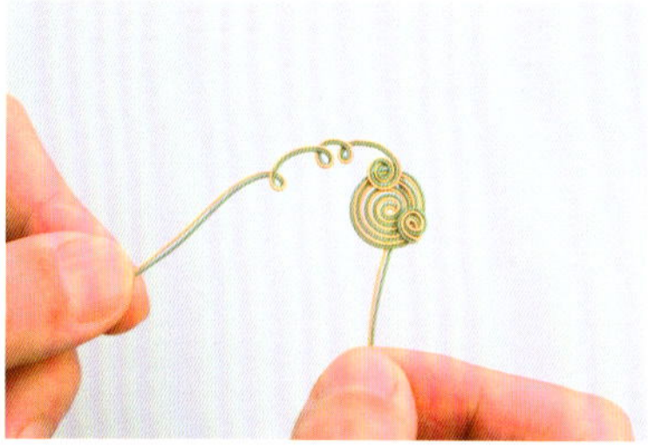

5.再用同样的方法做一个绕线盘，做好后将剩余的拴丝延伸出去，每隔一小段距离就绕一圈拴丝。

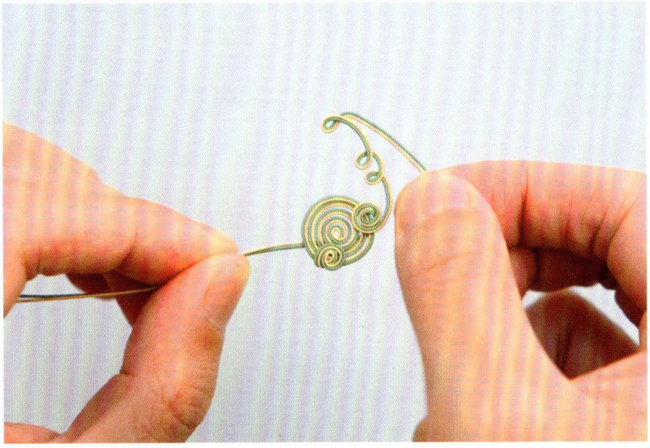

6.绕出一定长度后反方向回折捻丝，然后将剩余的部分拉到最初绕线盘起头的位置，将所有的捻丝合并绑好。

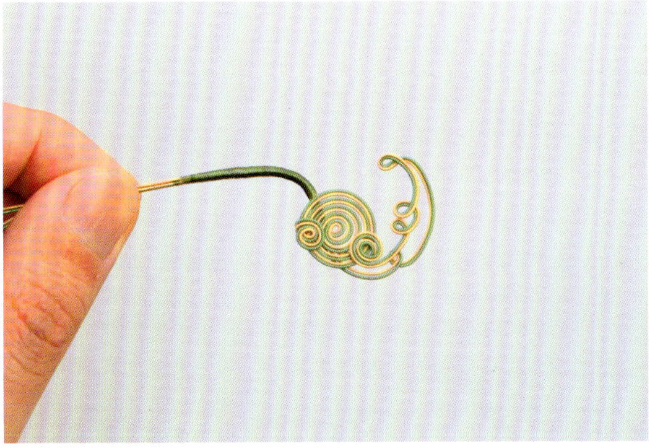
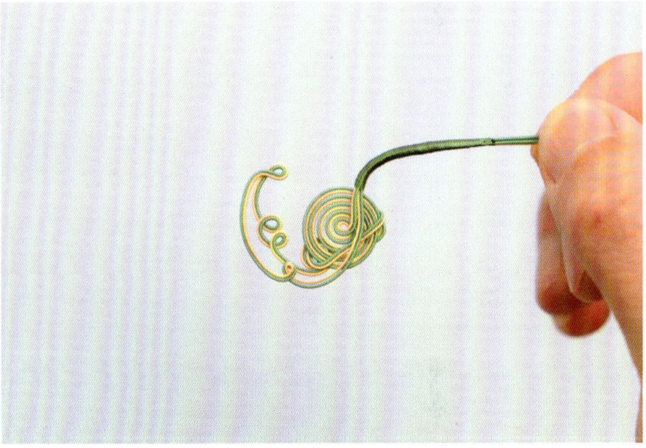

7.一个绕花丝水纹／云纹的配件就制作完成了，整体绕花丝的走向和布局都可以根据需要来调整和自由发挥。

◎捻丝弹簧

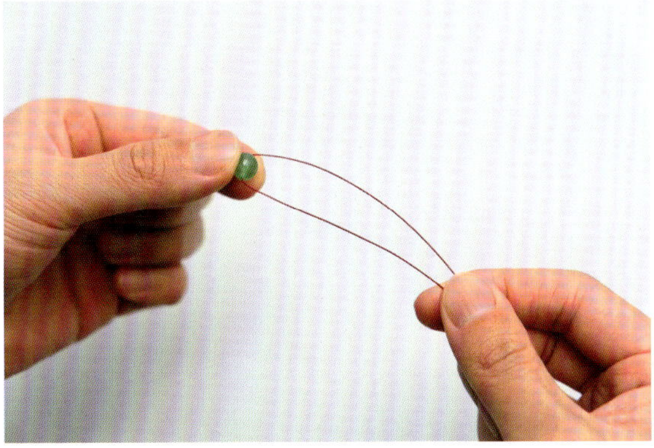

1.将珠子穿进一段捻丝的中间位置，做弹簧的捻丝建议使用0.3mm的不锈钢软丝。

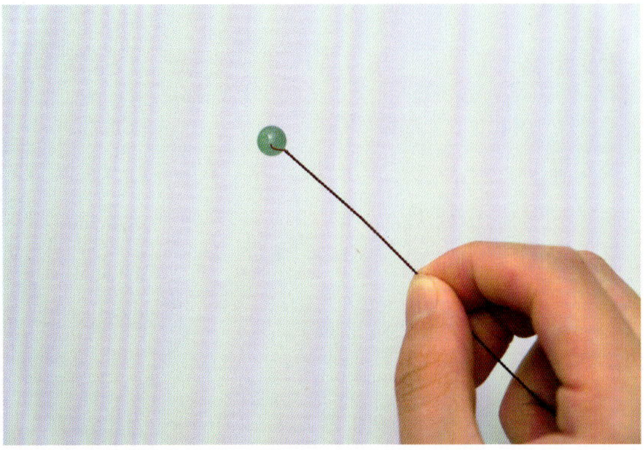

2.用电钻将捻丝拧成麻花丝。

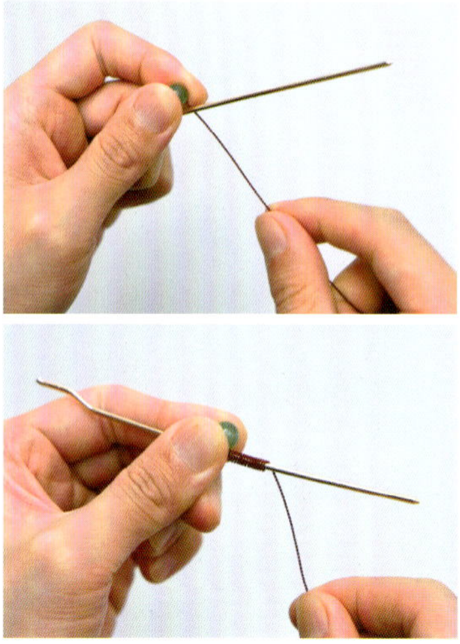

3.取一根圆柱形的金属簪棍，在簪棍上按住珠子一头，然后将麻花丝紧密均匀地在簪棍上缠绕至想要的长度。

4.取下簪棍，一个拴丝弹簧的珠子就做好了，它可以作为蝴蝶触须或者颤珠来点缀发簪作品。

◎枝杆拴丝

1.做簪过程中，会出现需要将两个枝杆绑在一起的情况，可以在合并处加入一根拴丝，建议使用0.4mm的铜丝，用绑线缠绕几圈固定。

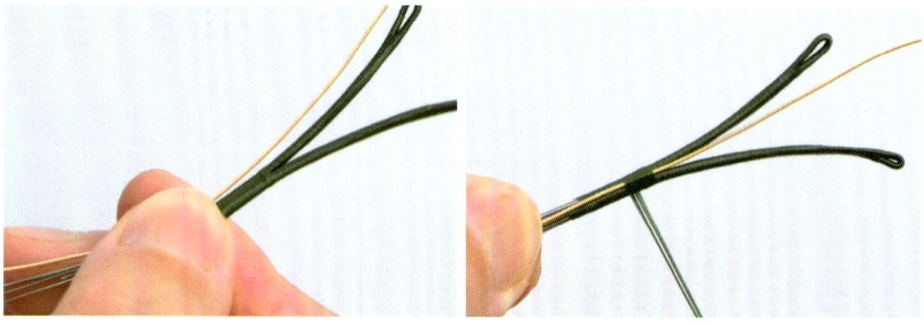

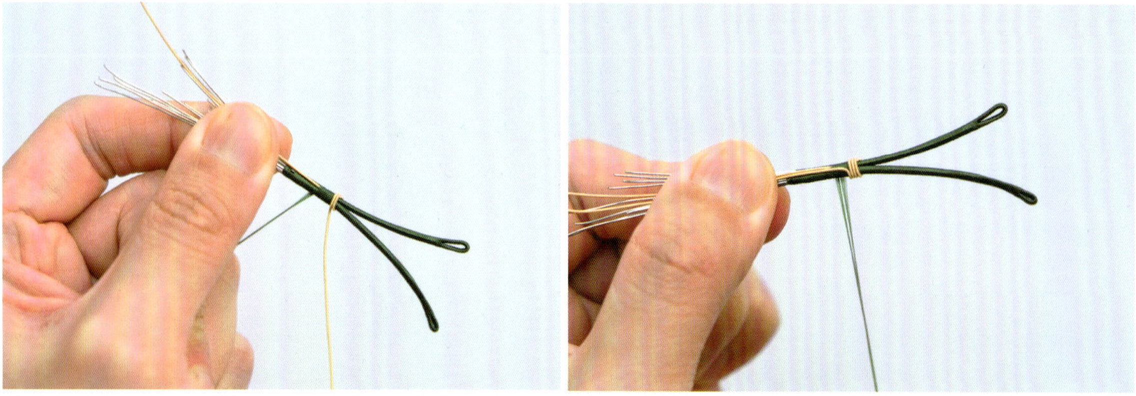

2.在两个枝杆连接处缠绕拴丝，缠绕数圈后把拴丝捋成与枝杆同一方向。

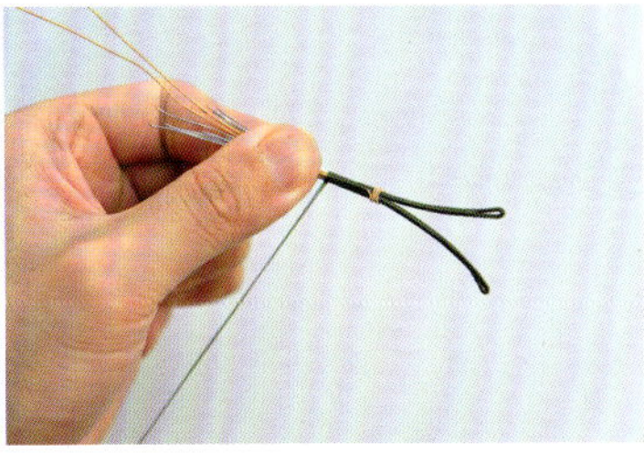

3.再用绑线将捡丝与枝杆绑在一起，这样不仅使枝杆连接更加稳固，且绑线不易滑动，也可以用这种做法来制作枝杆上的节点，作为细节点缀。

4.枝杆捡丝的绑法也可以用在做好的花朵上，作为花托起到加固与美化绑线的作用。

◎主体捡丝与收尾

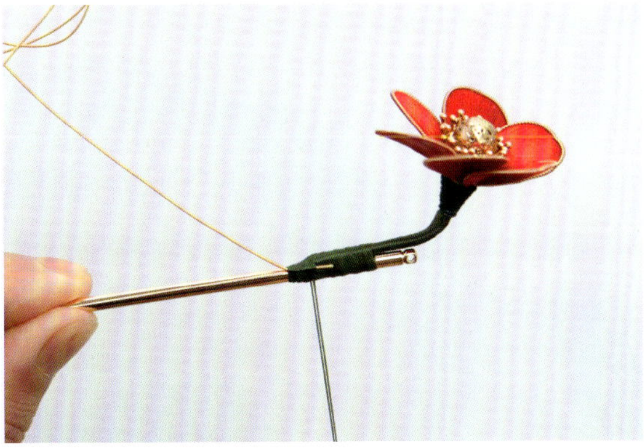

1.做好的簪花在加上主体后，在末尾处绑上捡丝的一头，制作主体的捡丝建议使用0.4mm铜丝。

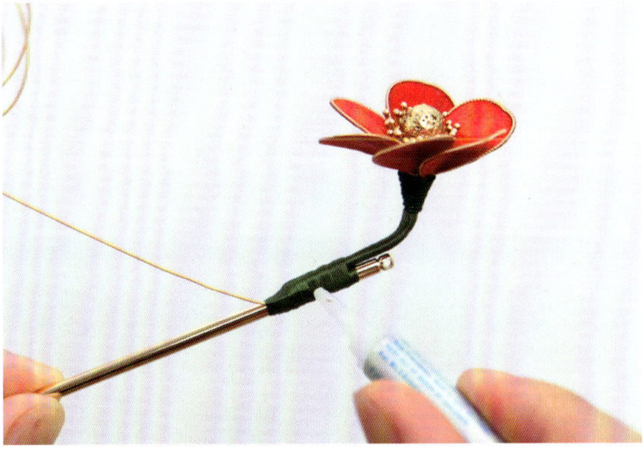

2.用快干胶固定一下绑线和捡丝。

3.由下而上紧密地在主体部分缠上捡丝，缠一段距离后，将捡丝方向调整成与主体同个方向，将超出绑线部分的捡丝剪断。

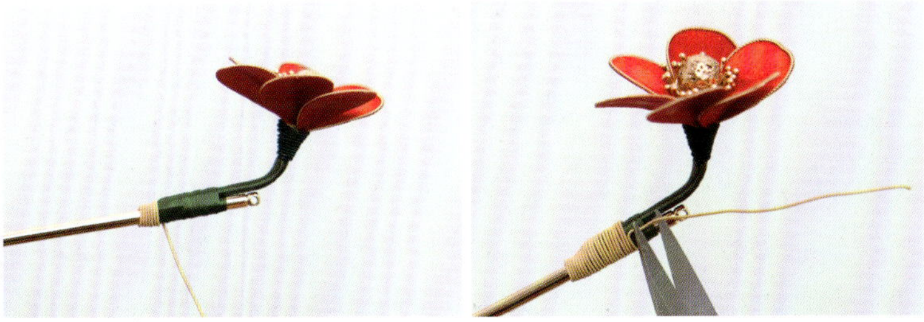

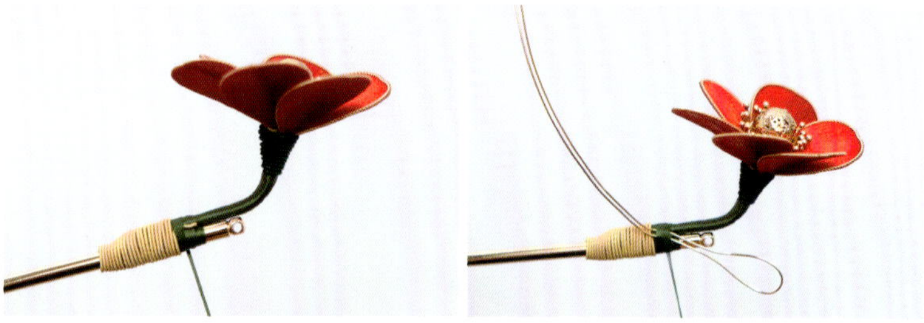

4.用绑线缠绕枝杆、拴丝与主体，缠数圈丝线后加入一段对折的铜丝，注意，铜丝对折的那一头要加在绑线缠绕的方向。

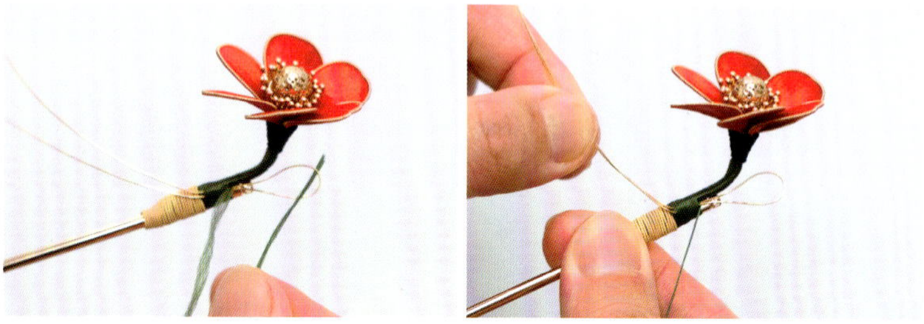

5.然后继续缠绕至想要的位置后，将绑线穿过对折铜丝的孔洞，然后拉扯铜丝的另外一头。

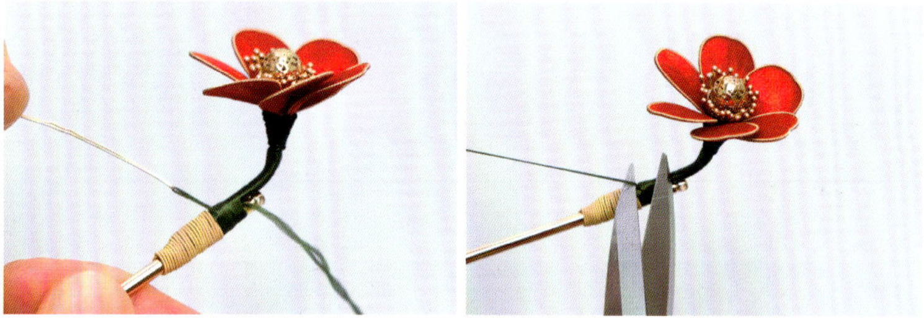

6.将剩余绑线全部拉出后，剪断多余的绑线。

7.最后在绑线部分刷上少量发胶固化丝线，就收尾完成了，主体部分的拴丝不仅让连接处更加美观，还提高了发簪佩戴时的防滑度和耐用度。

绒花制作

◎制作绒条所需工具

梳绒架

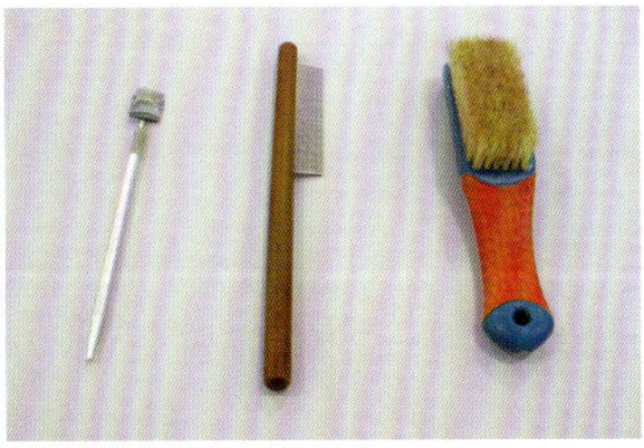

开绒针片、密齿梳、鬃毛刷

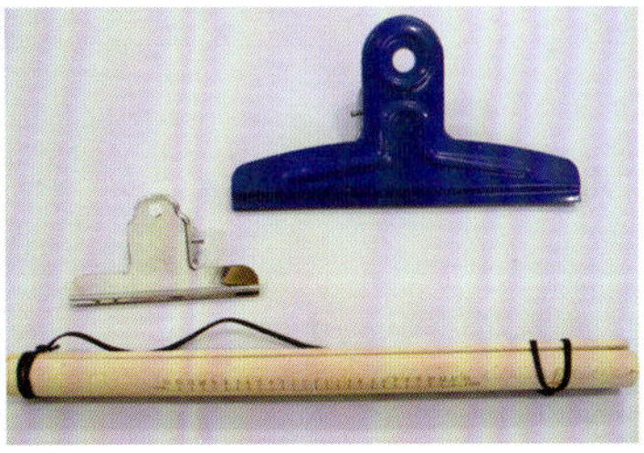

固定夹与木板夹

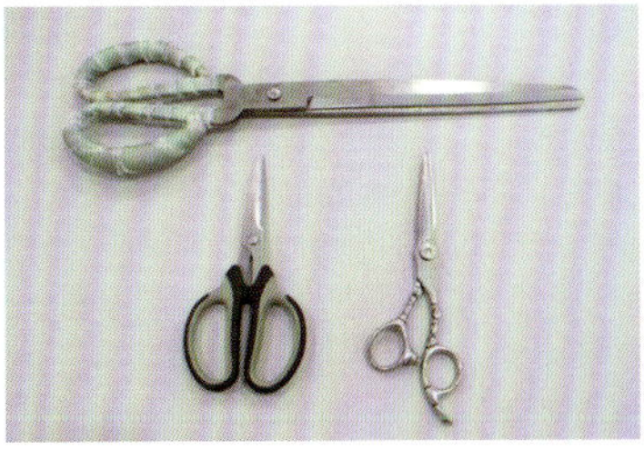

剪裁绒片的大号剪刀、修剪绒条的小剪刀

0.2mm退火黄铜丝

搓丝板

◎绒条制作

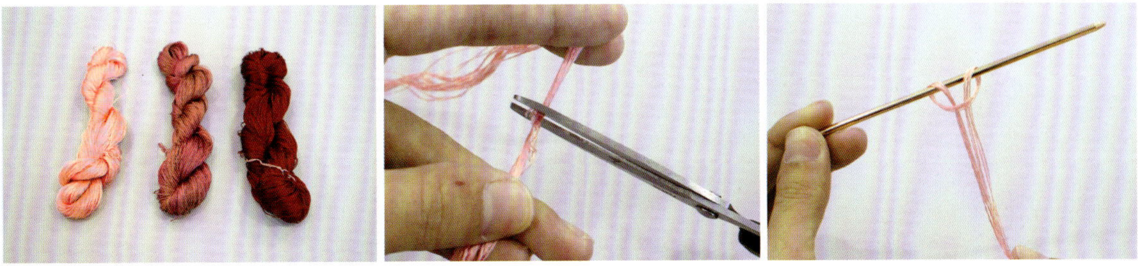

1.选出要用的蚕丝线，从线的接头处剪开，5根线为一组，对折后系在一根直棍上固定。

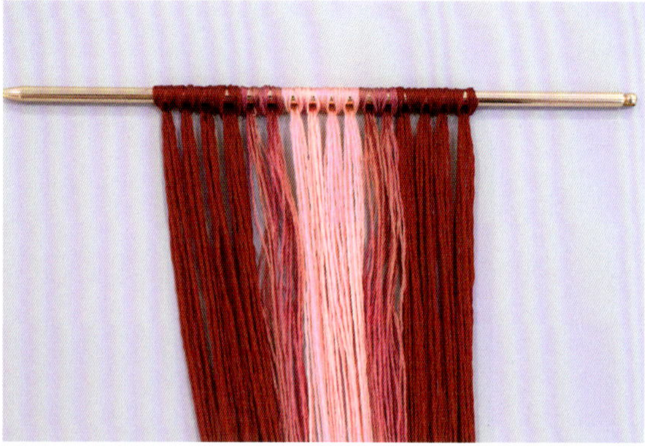

2.用多种颜色的蚕丝线可以做成渐变的效果，颜色占比可以根据需要来调整。

3.把拴好的绒排固定住，这里用的是苏绣线，需要抽出蚕丝线进行劈丝，劈好的两股线都要捋顺。也可以选择不需要劈线的无捻线，更加方便。

4.把绒排分出一部分，用刷子和梳子工具将蚕丝线梳成毛绒质感，过程中使蚕丝线保持紧绷。

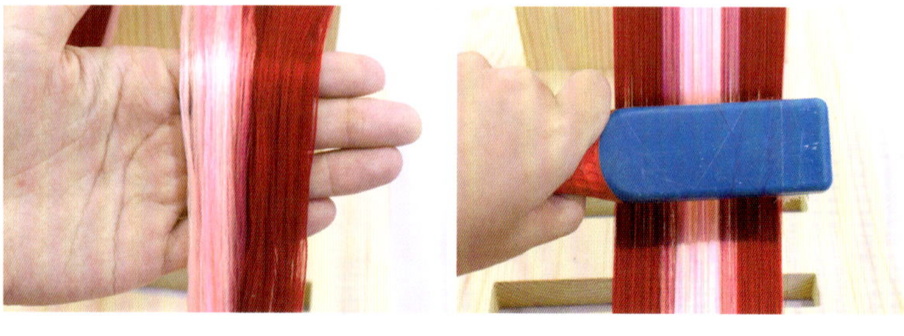

5.将全部蚕丝线梳成毛绒质感后，再用刷子自上而下地将绒排整理一遍。

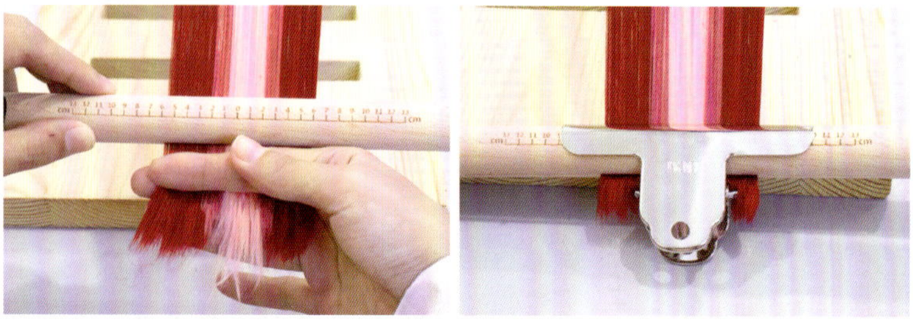

6.用木板夹夹住绷紧状态下的绒排，然后拉至绒排底端，再用大号夹子固定住。

7.取出0.2mm的退火铜丝，指尖沾上少量的防滑镁粉。

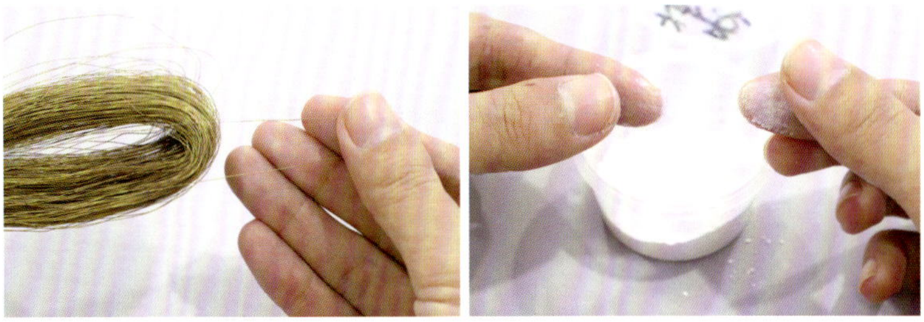

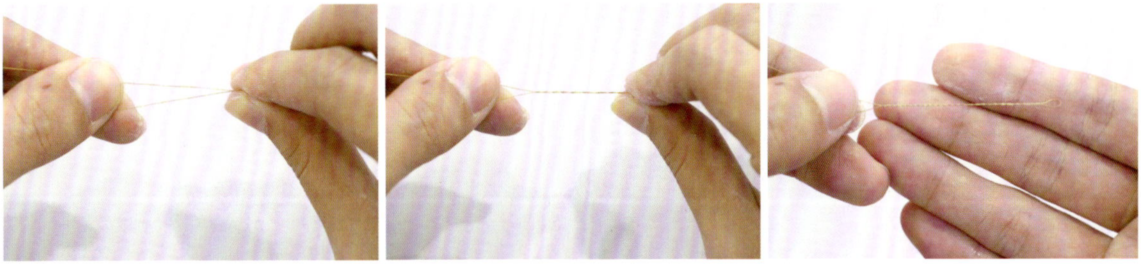

8.将退火铜丝对折后拧出一段麻花丝，将剩余的铜丝部分捋顺。

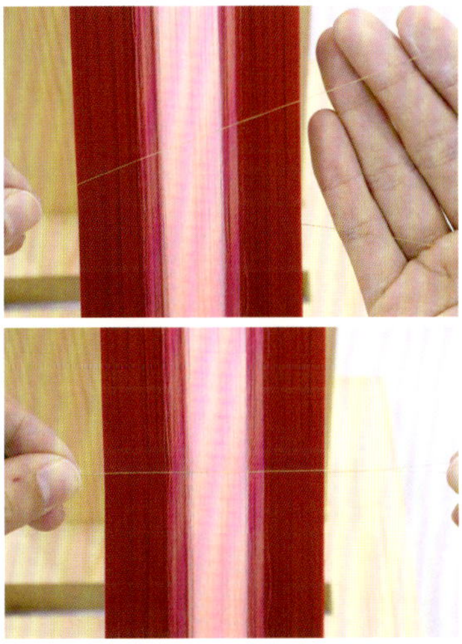

9.用铜丝顺直的部分夹住绒排，然后捏住铜丝拉直，让绒排处于铜丝中部位置。

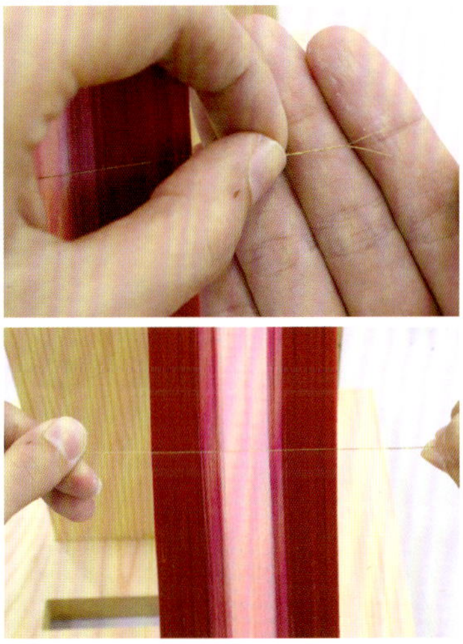

10.将另一头的铜丝也拧出一段麻花丝，然后将左侧的铜丝卡在绒排上，开始搓动并收紧右侧的麻花丝，让左右两侧的铜丝都能刚好卡住绒排。

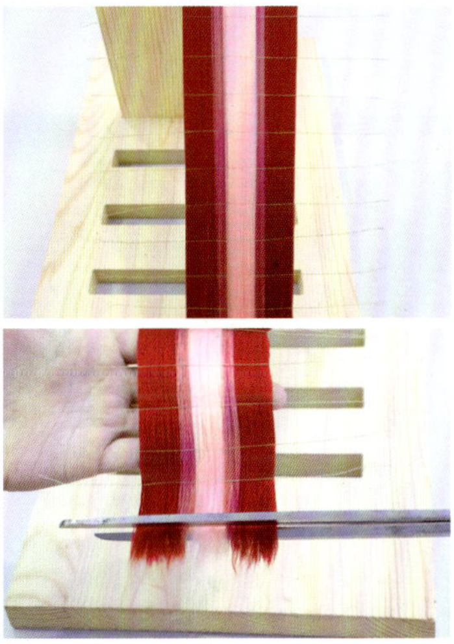

11.拴好的铜丝可以下滑至适当位置，以此类推在绒排上均匀地拴上多组退火铜丝，然后取下木板夹，剪掉下端多余的绒排。

12.用长剪刀剪下以铜丝为中心、宽窄相近的绒条。

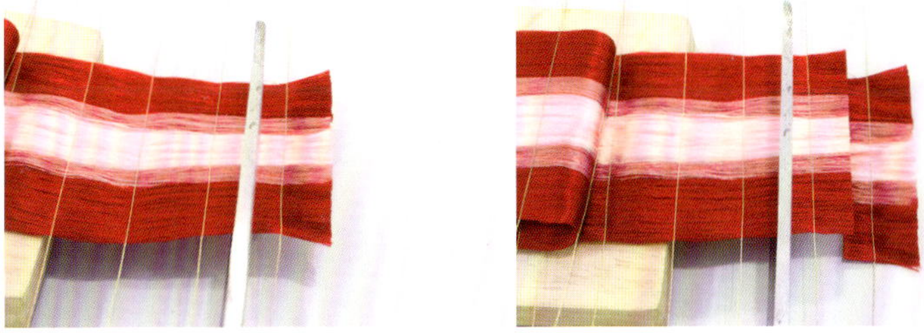

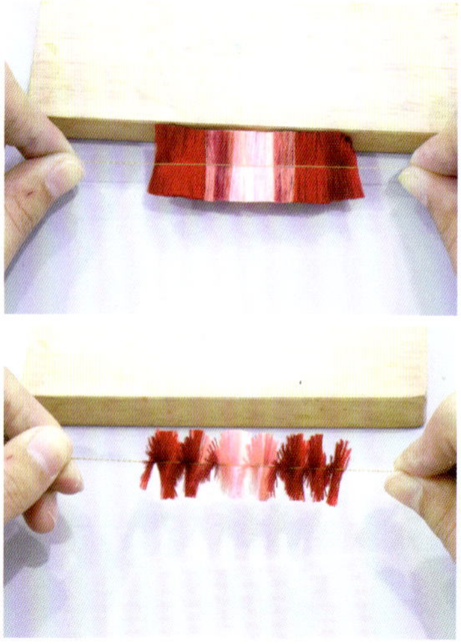

13.双手绷紧铜丝两端，利用一个平面使剪下来的绒排对齐，然后双手同时发力，各自向铜丝拧的方向搓动铜丝。

14.将绒条的一端放在搓丝板上，用配套的木块顺着铜丝拧的方向搓动，使绒条变成一个绒状的圆条，然后用开绒的针片轻轻梳理绒条。

15.以上是由绒排至基础绒的制作过程，绒条做好后用锋利的剪刀修剪一下多余的毛糙部分，一个绒条就制作完成了。

◎绒片处理

1.把做好的绒条对折，把两头的铜丝交叉拧起来。

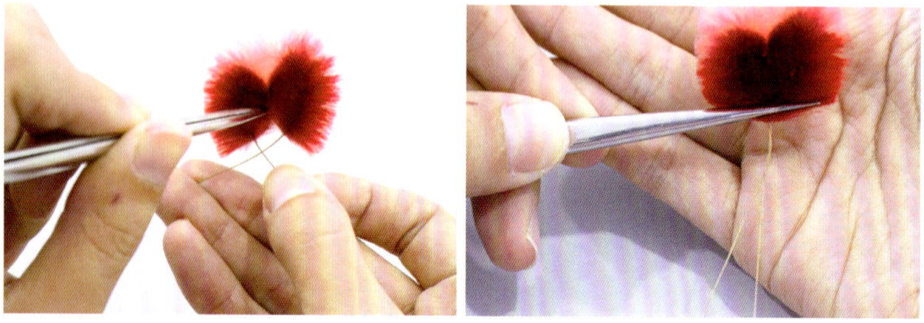

2.将对折拧好的绒条用加热过的直板夹由内到外按压，就得到了一个烫平的圆形绒片。

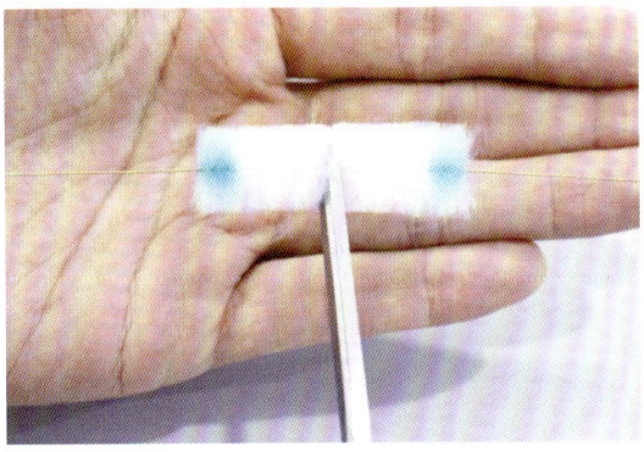
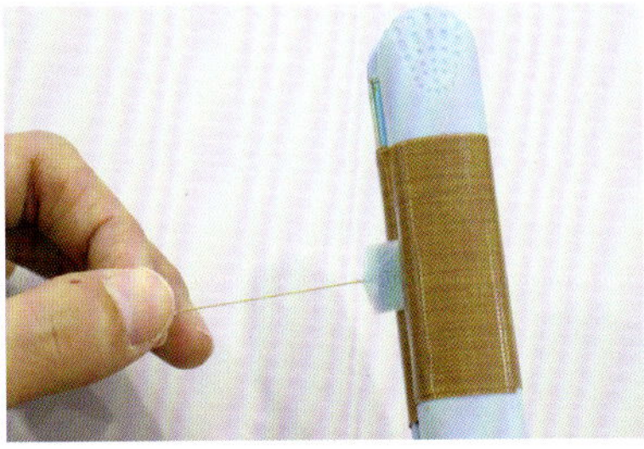
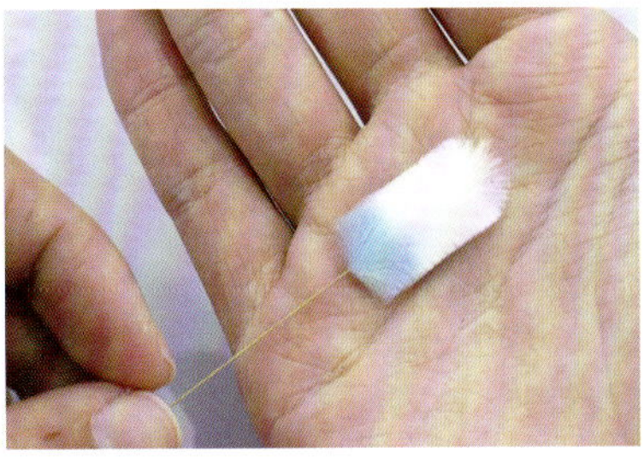

3.也可以不对折绒条，从中间剪断，同样用直板夹按压，可以得到一个烫平的条形绒片。

4.将烫平的绒片在发胶里完全浸透，拿起后用镊子轻轻捋掉多余发胶，然后等待绒片晾干，等绒片完全干透后再用直板夹按压一次，让绒片更加轻薄。

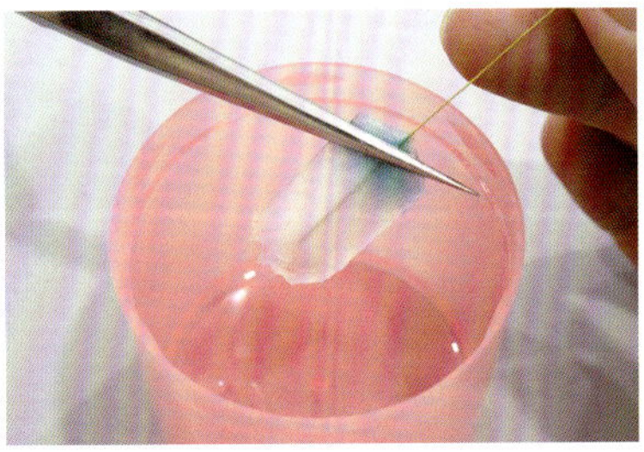
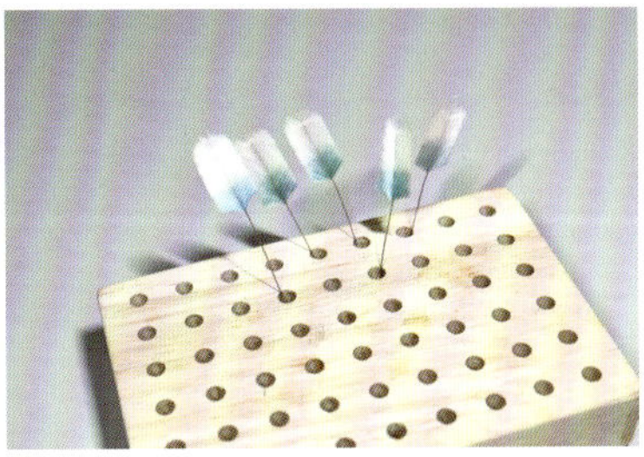

◎掐丝绒花制作

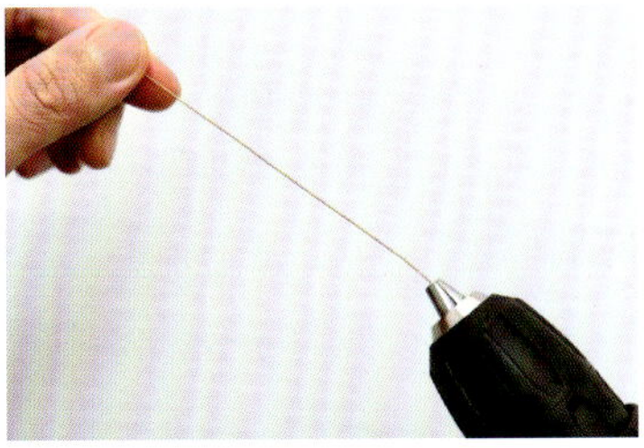

1.用电钻将0.3mm的铜丝拧成麻花丝，拧得紧密一些，做出来的掐丝绒花会更加美观。

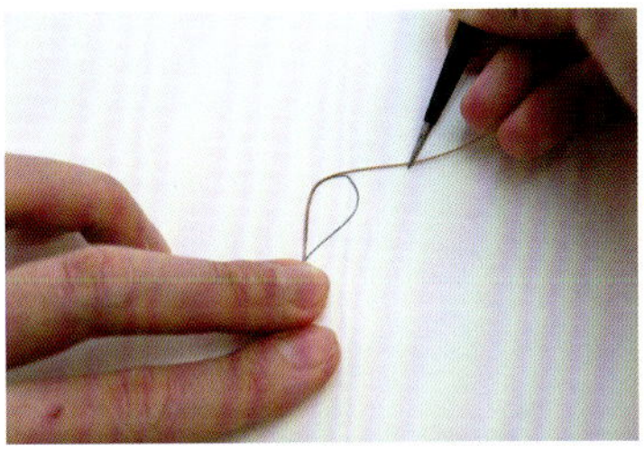

2.在纸上画出想要的花片形状后，按压住麻花丝的一头，用镊子给掐丝塑型。

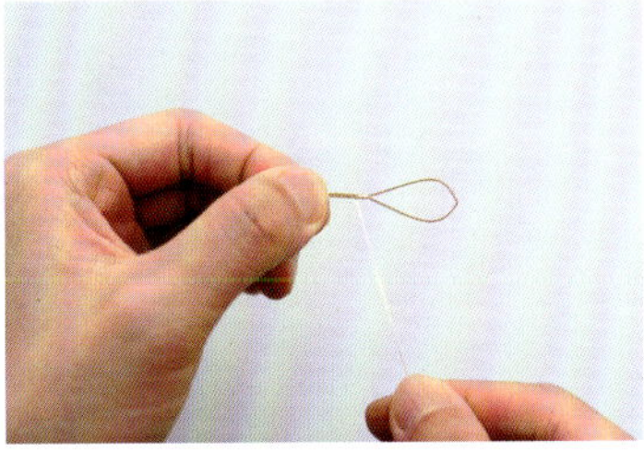

3.绑好掐丝合并的位置，一片掐丝便完成了。

4.除了自己绘制掐丝的形状，也可以购买掐丝花片的模板来制作。

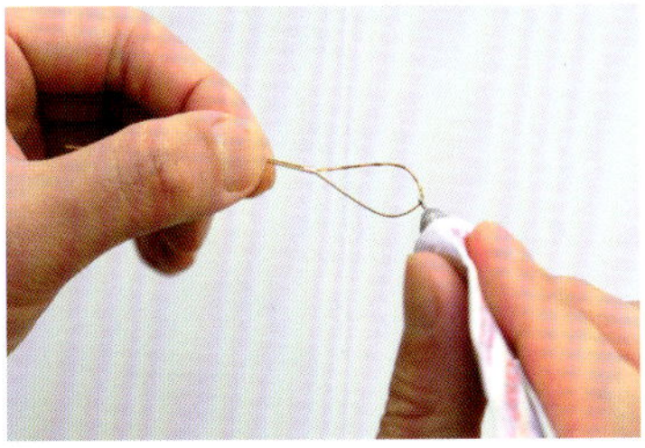

5.用针嘴慢干胶在掐丝的一面均匀涂抹适量的胶体,使用时不要过度挤压胶管，让胶体自然流出。

6.制作掐丝绒花的绒片时需要用直板夹尽量按压，使其轻薄紧实，将掐丝的涂胶面按压在处理过的绒片上，使掐丝与绒片粘连。

7.静置十多秒后，用加热过的直板夹按压绒片数遍，确保掐丝与绒片完全粘牢。

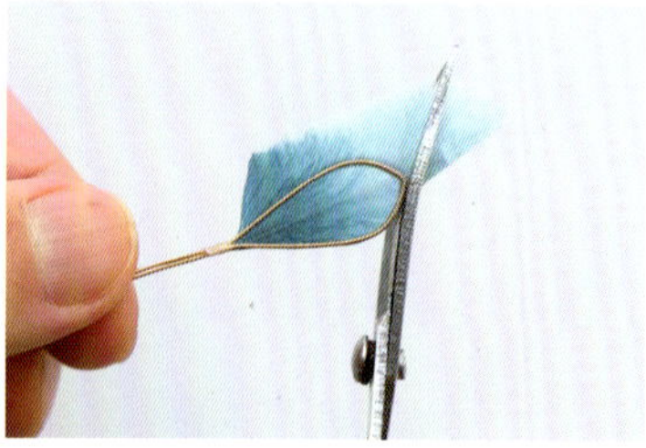

8.剪去花片外围多余的绒片，注意，不要剪到掐丝，损坏镀层。

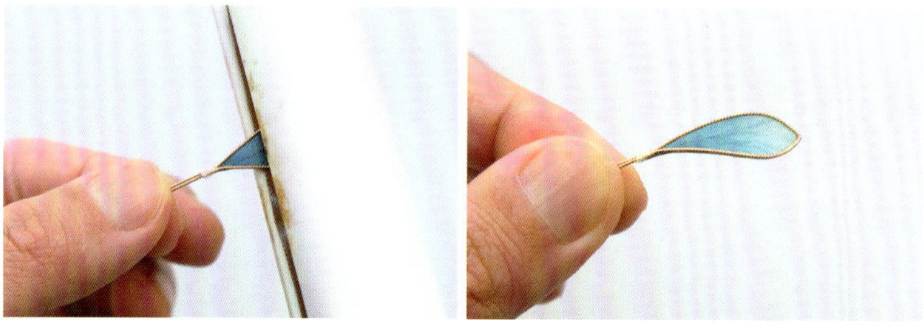

9.用直板夹按住掐丝绒片的一头，另外一边用手轻轻往下压，直到压出想要的弧度。注意，直板夹的作用是固定绒片，切勿在直板夹里拉扯绒片，可以将直板夹松开后多次调整夹住绒片的部分。

10.绒片做出弧度后，背面通常会出现褶皱，这是正常现象，需要用烫花器来处理。

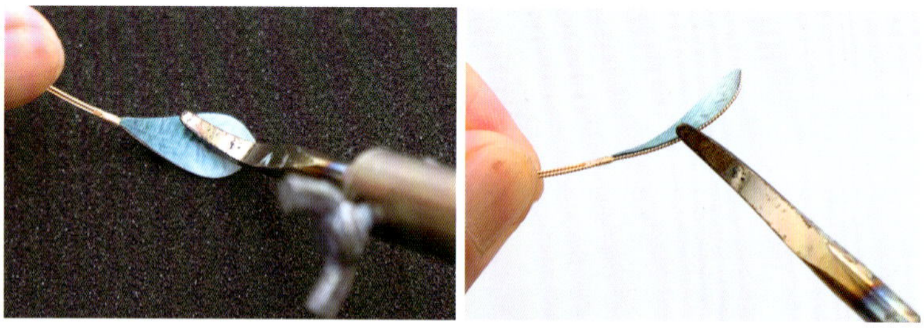

11.选一个大小适中的瓣镘，将烫花器预热至160℃左右，由内到外轻柔地烫压绒片，能大幅减少绒片的褶皱，还可以烫一下掐丝的边缘，清理一些边缘的毛糙部分与多余的胶痕。

12.一片掐丝绒花花片便制作完成了。制作掐丝绒花过程中建议佩戴口罩，在通风的环境下完成制作。

做好的掐丝绒片后续若产生轻微褶皱，可以在褶皱处刷适量发胶，等绒片吸收干透后，再用烫花器轻柔烫平，烫制时一定要注意力度，可以用指腹撑住绒片背面来辅助完成。

掐丝绒花蝴蝶制作

◎螺钿粘贴

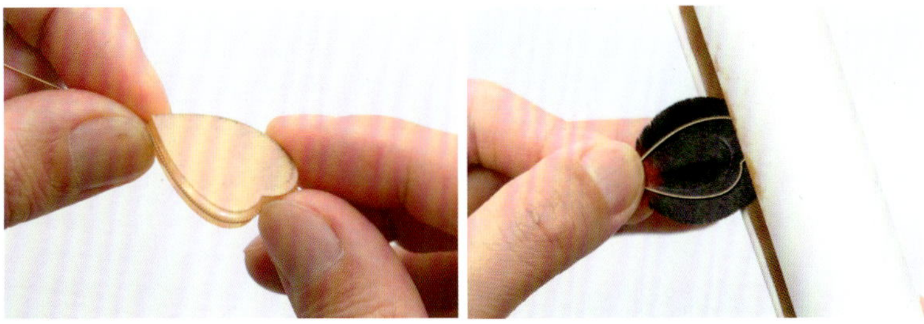

1.准备好所需形状的掐丝，不涂慢干胶，直接用直板夹在绒片上按压出掐丝的形状。

2.取下掐丝，在绒片上印出的掐丝形状内来粘贴螺钿片，建议使用以黑色为主的绒片，既可以凸显螺钿的光泽，胶痕也不明显。

3.取一根削尖的点钻蜡笔，用蜡笔头小心地沾取螺钿片。

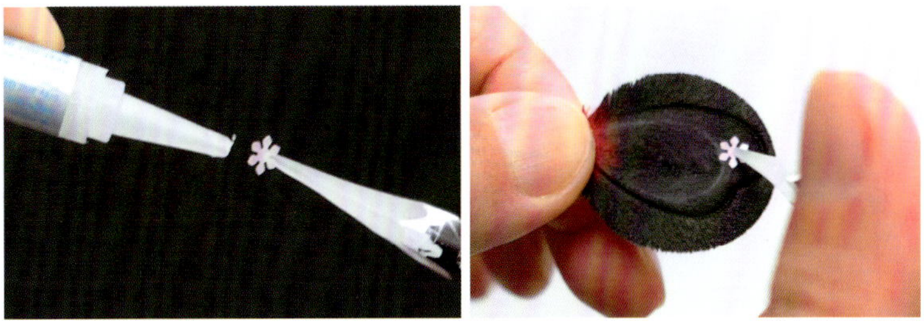

4.在螺钿片底部涂上适量的快干胶，然后按到绒片上想要粘贴的位置。

5.重复以上步骤，慢慢用螺钿片在绒片上组装出图案。

6.贴好图案后检查一下，螺钿片如果没有与绒片粘牢，可以在边缘处再涂抹少量的快干胶，使粘贴螺钿位置处的绒片吸收，多余的胶量尽快用手指擦去。

7.用加热的直板夹按压贴完螺钿片的绒片，使螺钿片嵌进绒片一部分后，整体绒片依然平整。

8.最后再给掐丝涂抹慢干胶，用直板夹固定掐丝与绒片。

9.剪去多余的绒片部分，一片绒花螺钿蝴蝶的翅膀便制作完成了。

10.用同样的方法也能制作玉虫翅结合绒片的掐丝蝴蝶。

◎组装与身子制作

1.先选择合适的掐丝形状，制作蝴蝶下面部分的翅膀。

2.做好后将蝴蝶翅膀分为上下两部分，注意翅膀图案的对称性，在杆子上缠一段黑色丝绒线。

3.将上面部分翅膀末尾的杆子弯折，合并后用绑线固定。

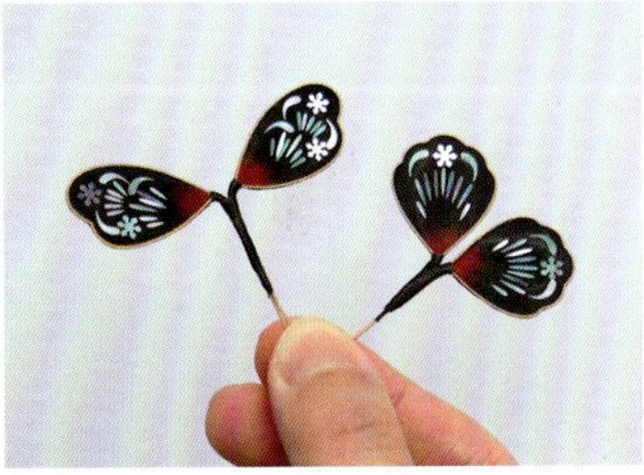

4.将上下两部分的翅膀分别绑好、固定。

5.用尼龙钳将下面部分翅膀的杆子向下回折，作为蝴蝶的头部。

6.在杆子上往前绑上一根对折的3号黑色鱼线，作为蝴蝶的触须，也可以用其他材质代替，如弹簧颤珠、铜丝等。

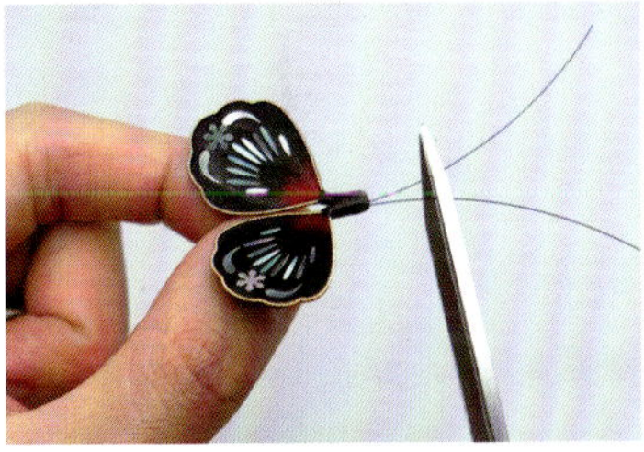

7.留出想要的蝴蝶触须长度，将多余的鱼线剪掉。

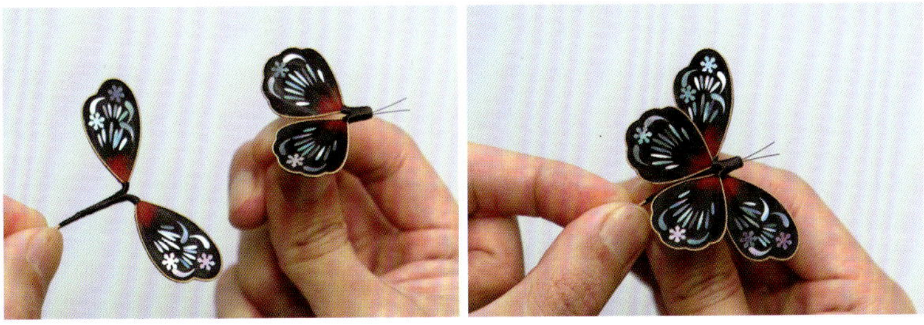

8.将上面部分的翅膀卡进下面部分翅膀的弯折处，调整一下位置，尽量使蝴蝶的翅膀根部聚拢。

9.用绑线合并蝴蝶的上下两部分，在合并后的杆子上多缠一段黑线，作为蝴蝶的身子。

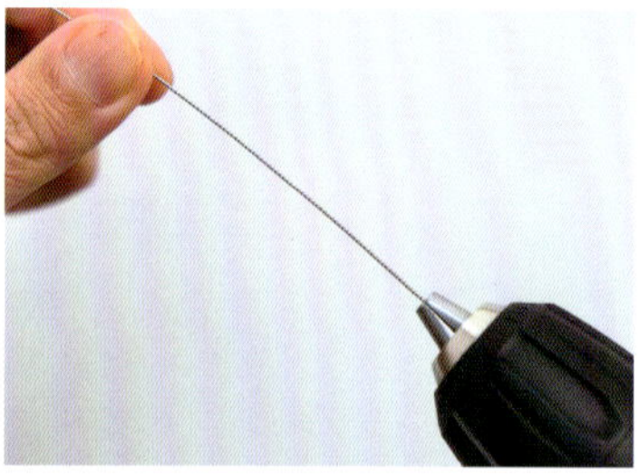

10.用0.3mm的不锈钢软丝拧一根麻花丝，制作蝴蝶需要的弹簧。

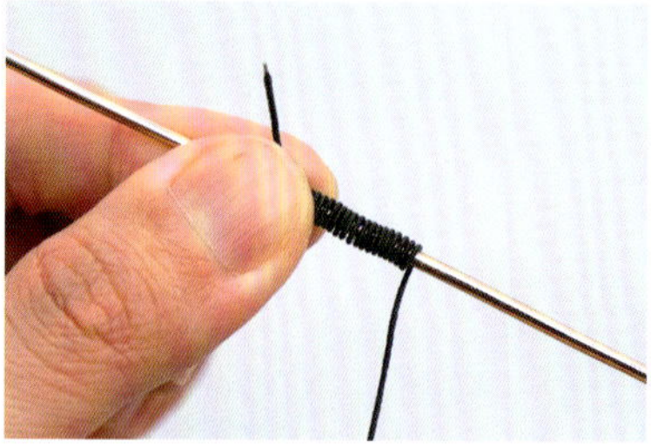

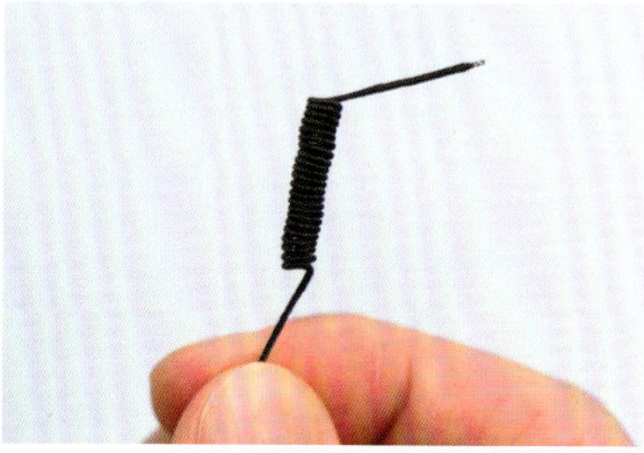

11.在麻花丝上缠绕黑色丝绒线，然后按住一头，在粗细适中的簪棍上缠绕，缠绕出想要的弹簧长度后取下簪棍，弹簧就制作完成了。

12.调整一下弹簧上面钢丝的角度，在蝴蝶身子的中间部分绑上做好的弹簧部件。

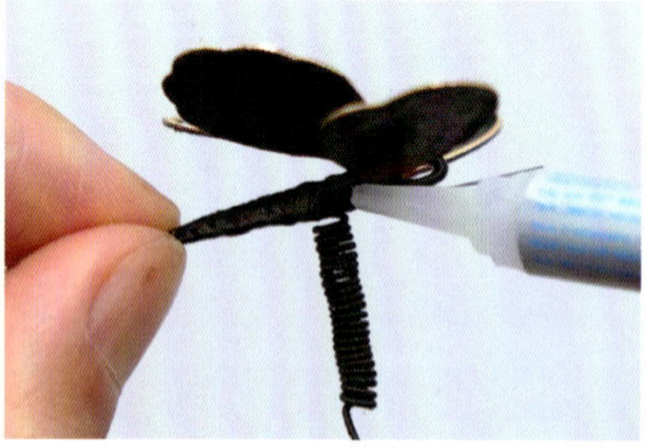

13.给绑线部分都涂上适量的快干胶，固定弹簧和翅膀，使其不会晃动或变形。

14.预留出想要的身子长度，然后剪断多余的杆子。

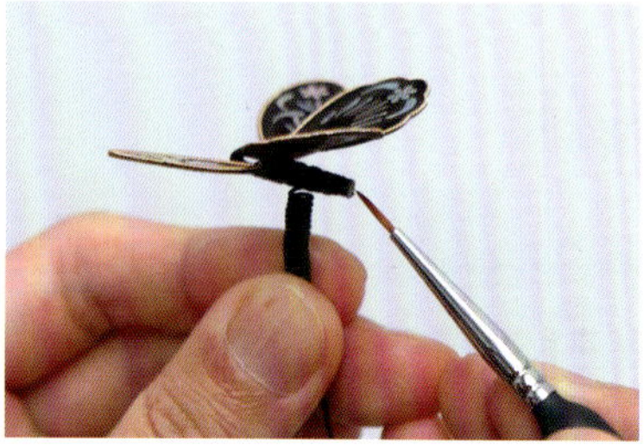

15.用一支勾线笔或是牙签，蘸取少量的黑色丙烯遮住外漏铜丝的尾部，也可以用丙烯涂抹一下蝴蝶身上绑线不均匀的地方。

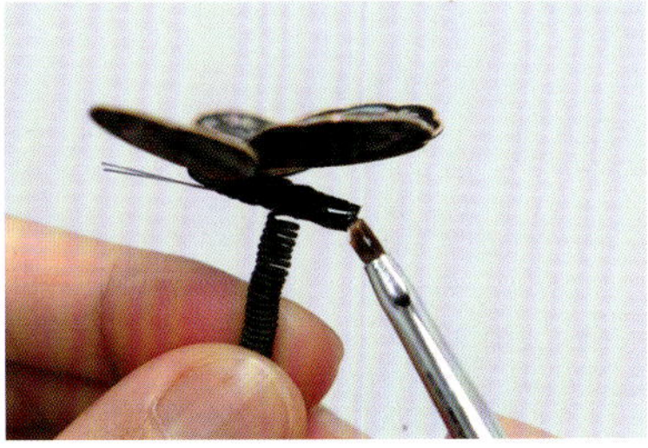

16.等丙烯晾干后，用小笔刷沾取封层胶，均匀涂抹在蝴蝶的身体和头部。

17.用作为触须的鱼线沾取适量封层胶，做出触须头。

18.用美甲灯给封层胶固化，可以少量多次地涂抹丙烯和封层胶，每次照灯时间控制在3～4分钟，尽量使蝴蝶身体平整光滑。

19.封层胶固化后，一只绒花螺钿蝴蝶就制作完成了。

◎手绘花纹

1.准备直液走珠笔❶与丙烯马克笔❷。

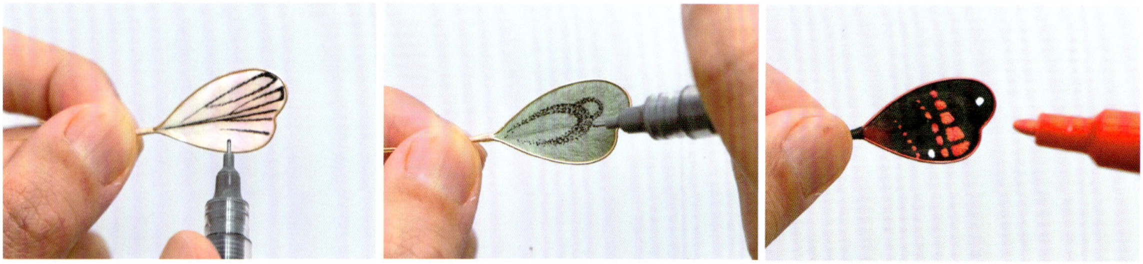

2.在掐好丝的绒片上画出想要的花纹，用自控墨走珠笔可以绘制出细腻的线条或者用点绘法来绘制图案；丙烯马克笔可以用来涂画较大的点和色块。

3.蝶翼花纹可以参考自然界中的蝴蝶或自由发挥，绘制过程中除了注意花纹的流畅度，还需要注意图案的对称性。

蝶翼花纹参考示例

烫花制作

◎花片剪样与染色

1.用水消笔在上浆布料上画出想要的形状，然后剪下所需数量的花片。

2.准备一个较大的塑胶盘和调色盘，大小型号的笔刷和想染颜色的液体布料染料。

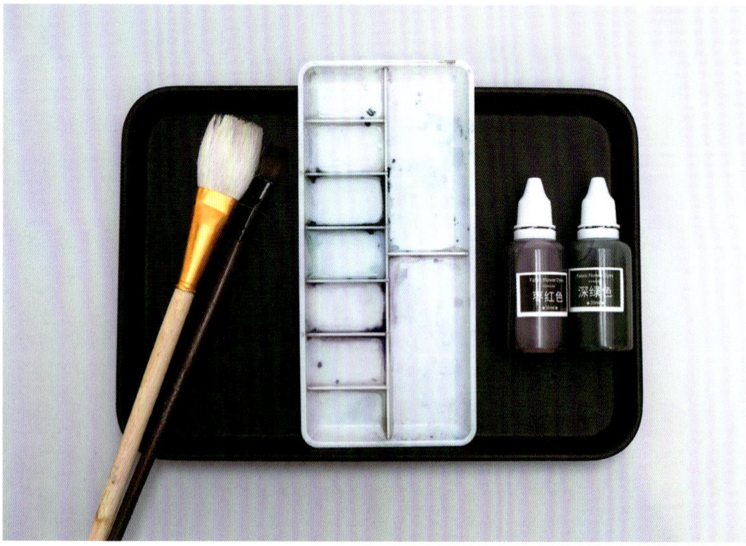

3.用大笔刷蘸水浸湿要染色的花片，水消笔的痕迹会随之消失。

4.用小画笔蘸取色料，涂抹在浸湿的花片边缘，使花片自然晕染，在另一头涂抹不同颜色的色料，可以晕染出渐变的效果。染色时可以用笔刷蘸清水来过渡花片颜色，颜色深浅可以通过给色料加水或者少量多次蘸取色料来调整。

5.染一块较大的布料，作为花片的底衬使用，颜色可以是相近色也可以是不同色系，底衬布的大小要根据花片的数量来决定。将染好的花片和底衬放在新闻纸上自然晾干。

◎单片花瓣制作

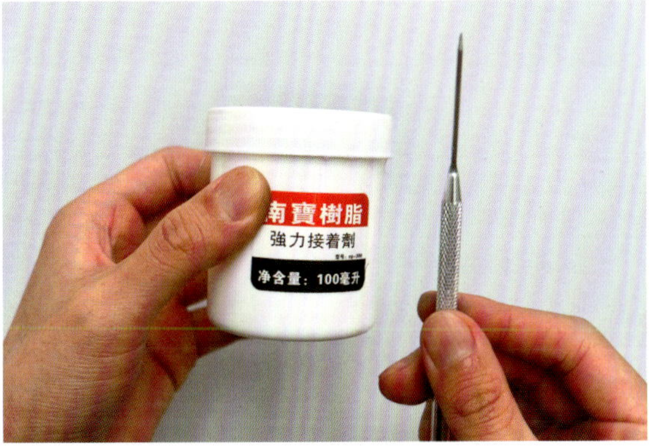

1.准备好南宝树脂和抹胶棒。

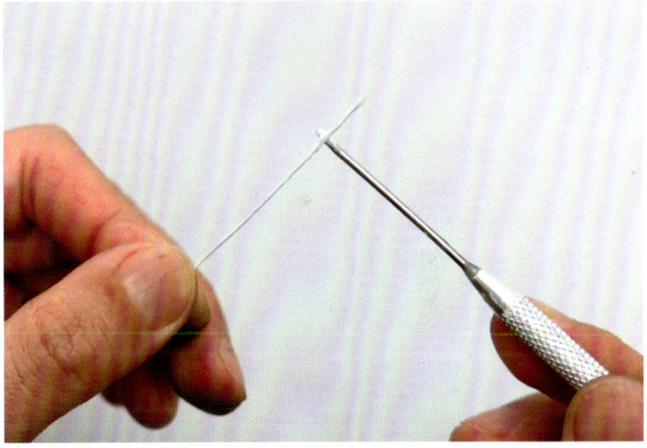

2.取一根纸包铁丝，#28是最常用的型号，用抹胶棒在铁丝的一头涂抹适量的南宝树脂。

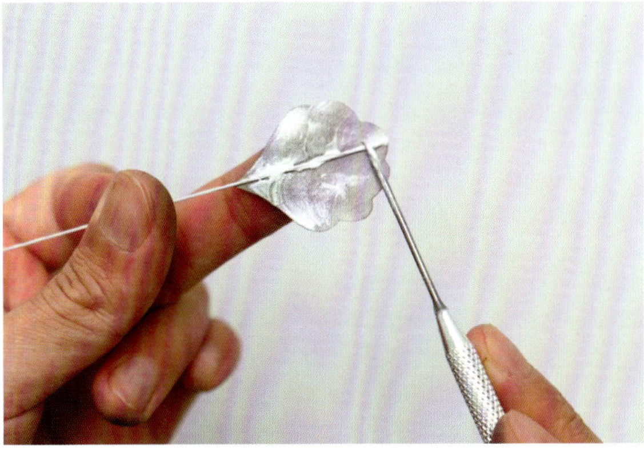

3.把铁丝粘到花片上，然后用抹胶棒在花片上均匀、轻薄地涂满南宝树脂。

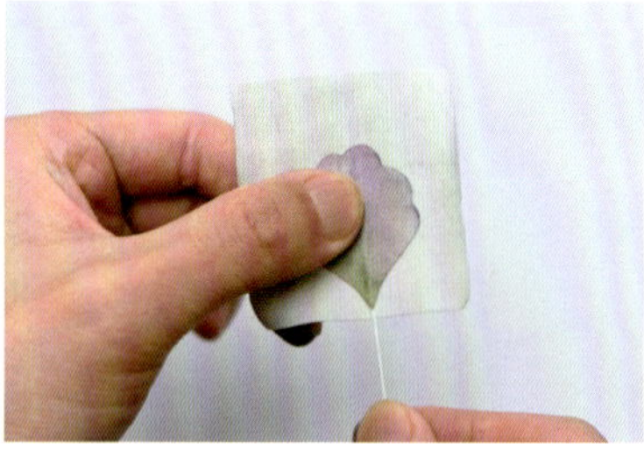

4.将涂胶的一面粘在作为底衬的布料上，用手指按压平整，使两块布料完全贴合，等南宝树脂晾干后，按照花片形状剪下来。

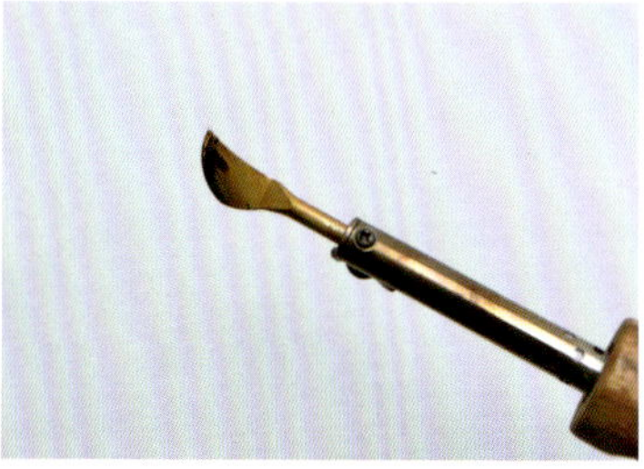

5.用刀镘可以刻画花瓣的纹理，将烫花器预热至180℃~220℃左右，具体温度可以根据面料的厚度和特性来调整。

6.用刀镘先沿着花片上凸起的铁丝两侧烫一遍，随后再缓慢轻柔地在花片上烫制出均匀流畅的纹路。

7.用球镘可以烫出花瓣的弧度，烫镘的尺寸要比花片小一些。

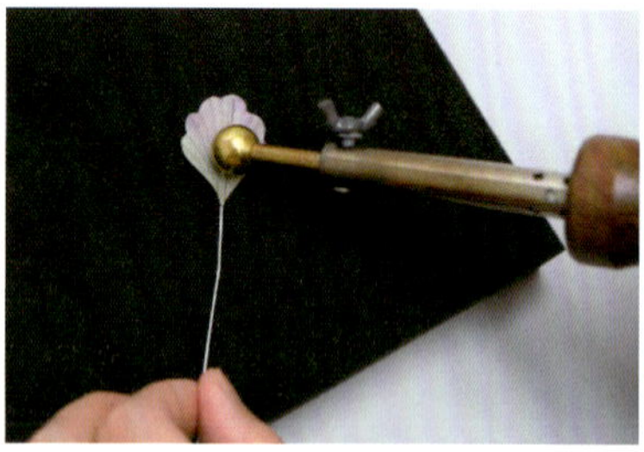
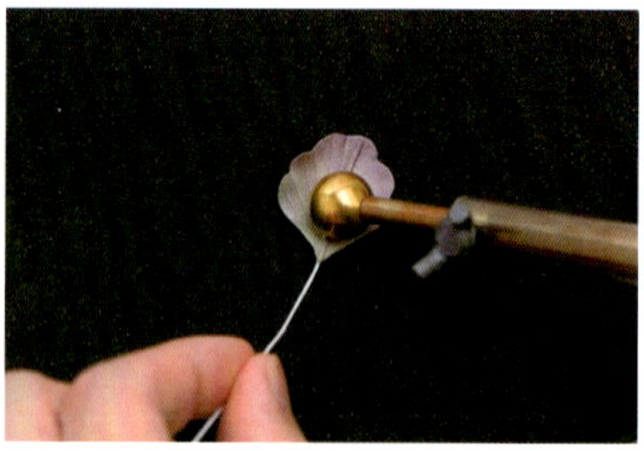

8.用烫镘均匀地烫制花片，将其烫出自然的弧度。

9.一片基础的烫花花瓣便制作完成了。在制作花瓣时，如果强调的是花瓣包起来的弧度，可以先烫出花瓣的边缘纹理再用球镘烫花腹；如果强调的是花瓣的边缘纹理则可以用球镘烫出弧度，再用刀镘来烫边缘纹理。

◎掌状形叶片制作

1.画出想要的掌状形叶片，剪下来后搭配一块能够放下叶子的布料作为底衬。

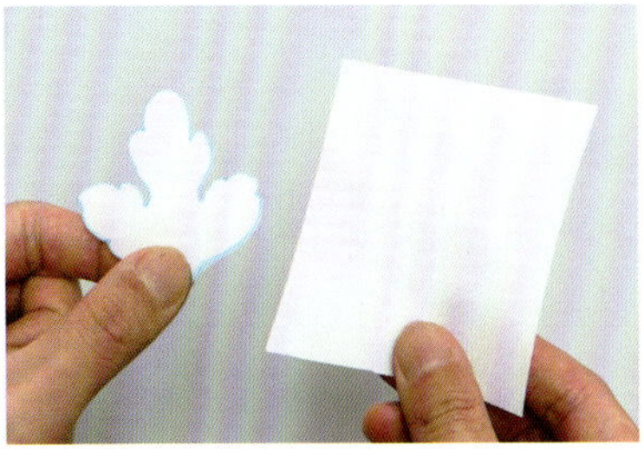

2.染好想要的颜色，等待花片与底衬自然晾干。

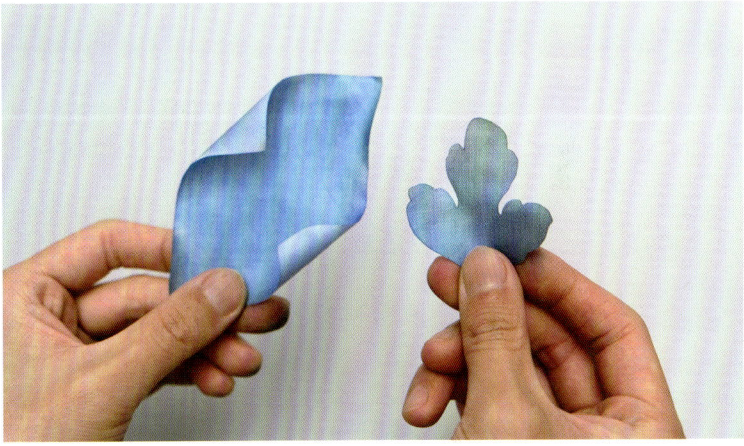

3.根据叶片的形状，用数根纸包铁丝制作叶片的骨架，将铁丝留出足够长度后用浅色丝绒线将其绑在一起。

4.绑好铁丝后将其修剪至稍短于叶片边缘的长度。

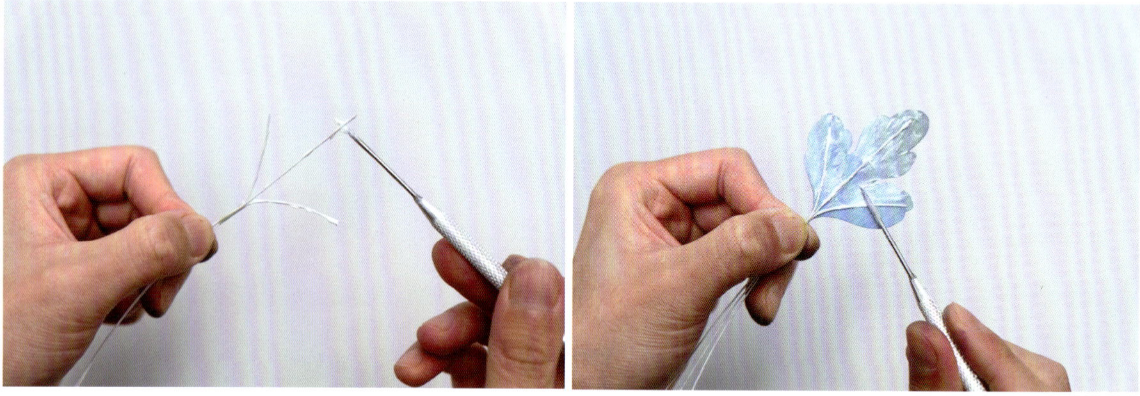

5.在铁丝上涂抹南宝树脂，粘到叶片上，用抹胶棒在叶片上均匀、轻薄地涂满南宝树脂。

6.将涂胶的一面粘在底衬布料上，用手指按压平整，使两块布料完全贴合，等南宝树脂晾干后，按照叶片形状剪下来。

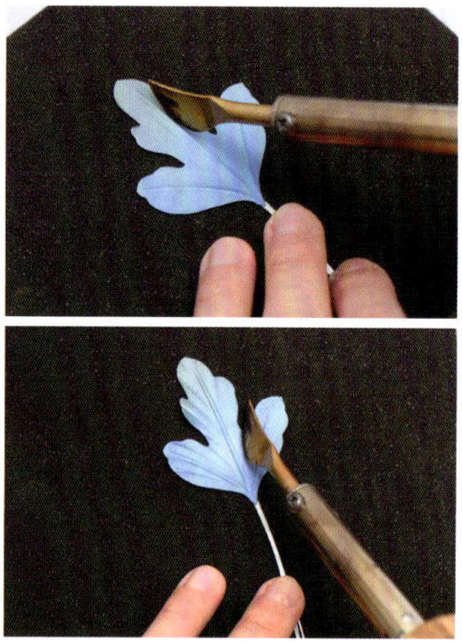

7.用刀镘沿着每根铁丝的两侧烫一遍，随后根据叶片走向再烫出一些纹理。

8.用瓣镘烫出一些叶片卷边的效果，可以在不同区域的叶尖部分分别烫制正反面。

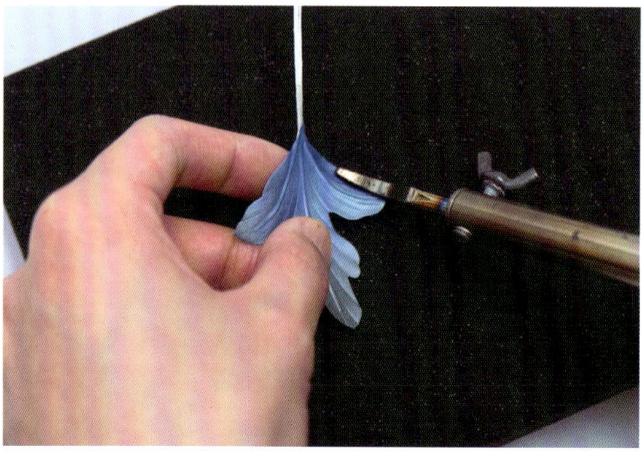

9.烫制时可以用手指辅助，把铁丝拗出自然流畅的弧度。

10.一片掌状形的烫花叶片就制作完成了。

◎花纹勾勒

1.用极细勾线笔蘸取适量金墨。

2.根据叶片或花瓣上已经烫出的纹路，用勾线笔在沟壑里轻柔缓慢地拉出长线。花纹勾勒后为烫花增加了细节，除了金墨，也可以用珠光水彩等营造自己想要的效果。

◎焦边与枯洞

1.点燃一根线香，对着燃烧的香头持续吹气，同时沿着烫花叶片的边缘烫出焦边的效果。

2.在叶片上慢慢地将线香按进去，烫出孔洞。

3.烫出孔洞后可以用线香继续烫孔洞的边缘来扩大，焦边与开洞效果可以根据作品需求来选择。

拴丝绑花

◎天然石花片

1.天然石雕出的花瓣叶片通常在末端都有孔位与凹槽。

2.用拴丝穿过孔位后，在凹槽位用尼龙钳拧紧拴丝，天然石的拴丝建议用0.3mm或0.4mm的不锈钢软丝。

3.拧紧拴丝的部分可以根据具体情况来调整长度。

◎料器花片

1.料器烧制后通常会在花片末端留一个小节。

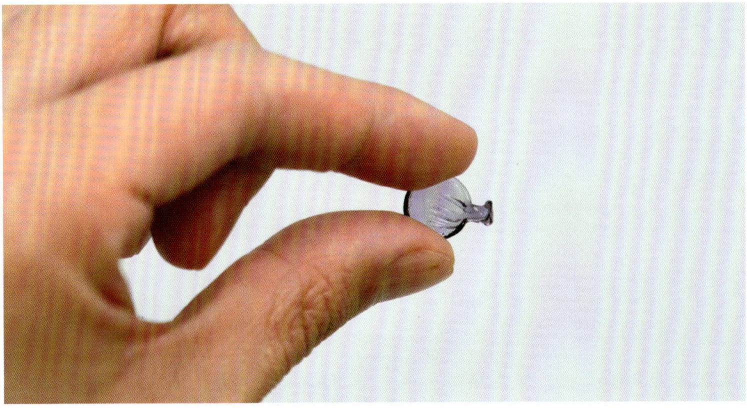

2.用拴丝缠绕在花瓣与末端节的中间部分，缠绕数圈后再把拴丝捋顺。

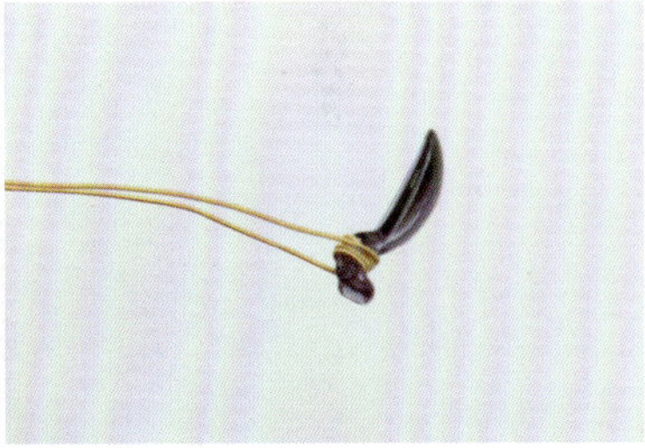

3.用尼龙钳把捋顺的拴丝拧紧。

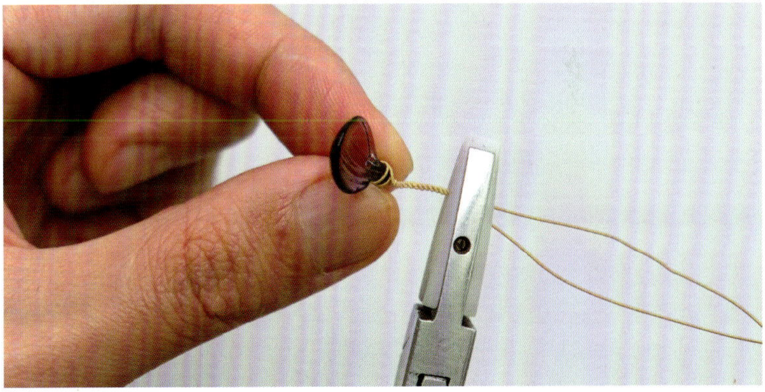

4.料器的果子、叶子等也可使用同样的绑法。

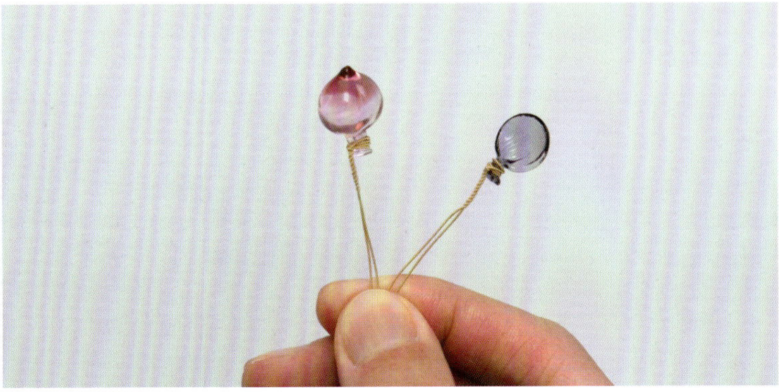

叁

簪钗制作案例巩固

蝶落海棠

1.准备好所需的绒片，颜色可以根据自己的喜好进行调整。叶片6片，花片21片，根据所做的花型决定所做的绒片的大小。

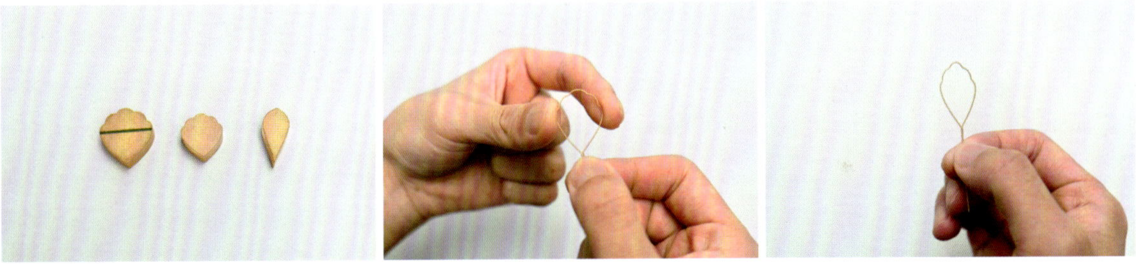

2.拿出合适的掐丝模板，这里制作花朵用了两种尺寸，绑好的掐丝可以用指腹捏窄一些，使花片更修长。

3.做好花朵所需数量的掐丝绒片，大花片11片，小花片10片，花片弧度不需要太大，但是要尽量保持一致。

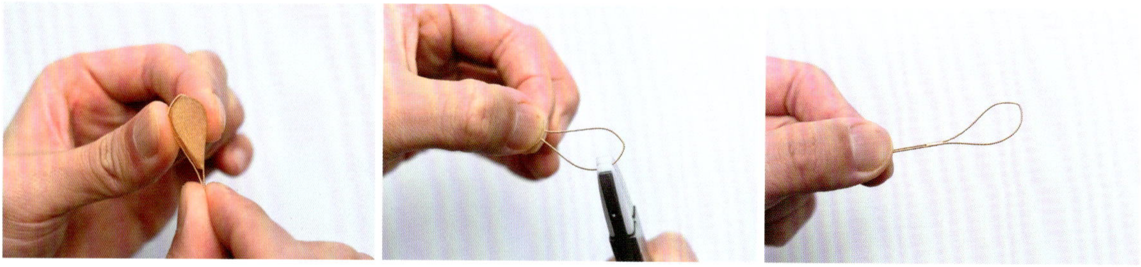

4.叶子的掐丝可以先调整一下形状再绑线，这样能做出叶尖侧弯的掐丝。

5.在绒片上粘上掐丝，然后剪一根能放进掐丝中线位置的短掐丝。

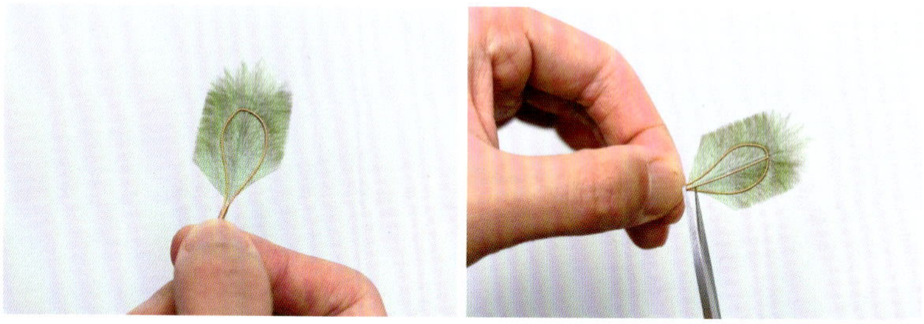

6.拗一点和叶尖同朝向的弧度，涂上慢干胶后按在掐丝的中线位置。

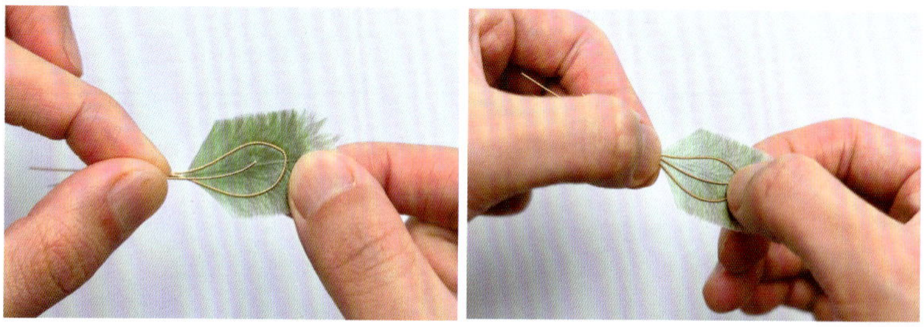

7.静置十多秒，用加热的直板夹按压，掐丝粘牢后剪掉多余部分。把中线掐丝和背后绒片的一部分用绑线包住，绑一段距离，之后再用直板夹处理出弧度。

8.用烫花器处理好花片和叶片后开始组装。

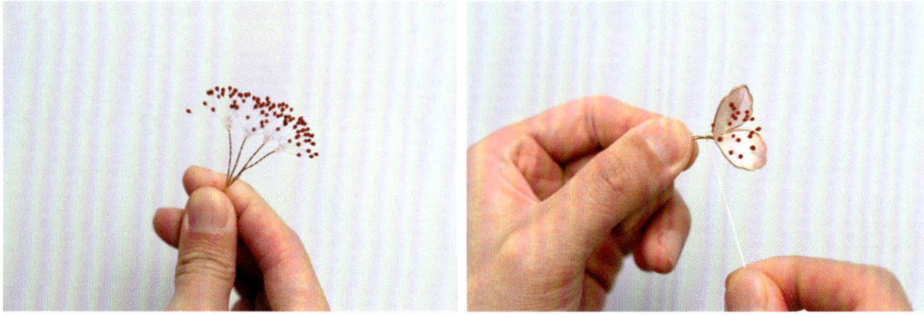

9.准备4个鱼线花蕊，先将2片小号花片绑在一个花蕊上。

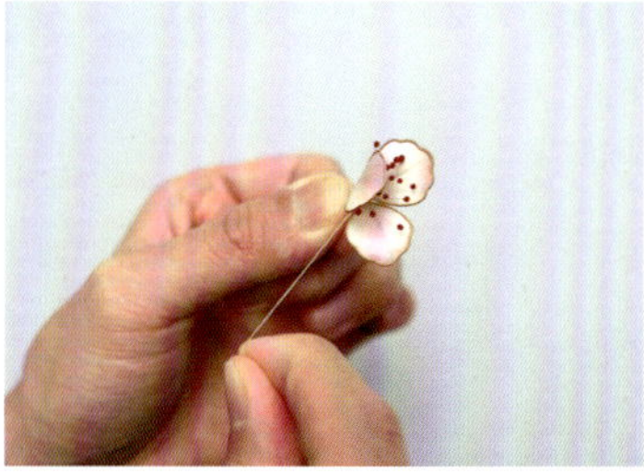

10.再顺着包住花蕊的方向绑一个小号花片，作为花朵的第一层。

11.在花朵的第二层用一片压住一片的方式组装6片大号花片，第六片压住第一片，最后让花瓣形成闭环，调整一下造型后在绑好的花朵底部涂一些快干胶。

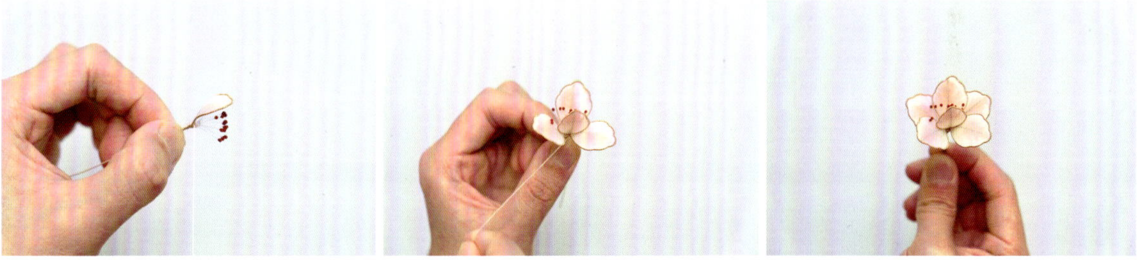

12.先用一片小号花片来包住花蕊，再对称地组装5片大花片。

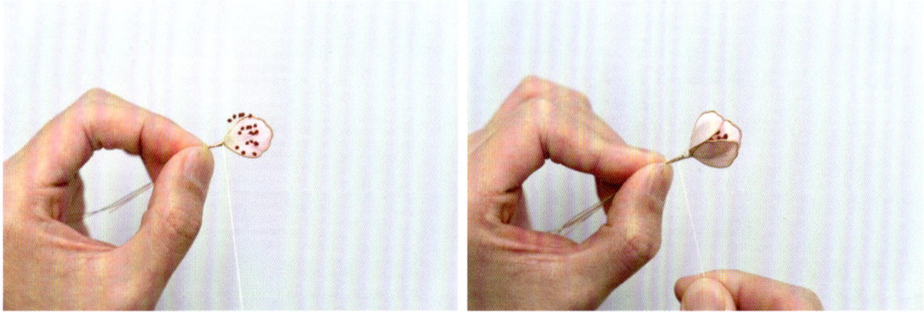

13.在小号绒片上绑一个较小的花蕊，然后对称地组装2片小号花片，形成立体花苞。

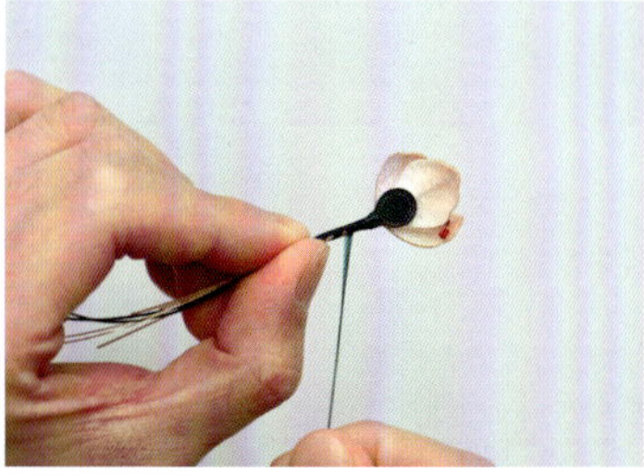

14.在花苞的背面绑一个小绕线盘，挡住花片凹进去的底部，随后点上快干胶固定绑好。

15.在绑好的所有花朵上都缠上用0.4mm铜丝制作的拴丝作为花托。

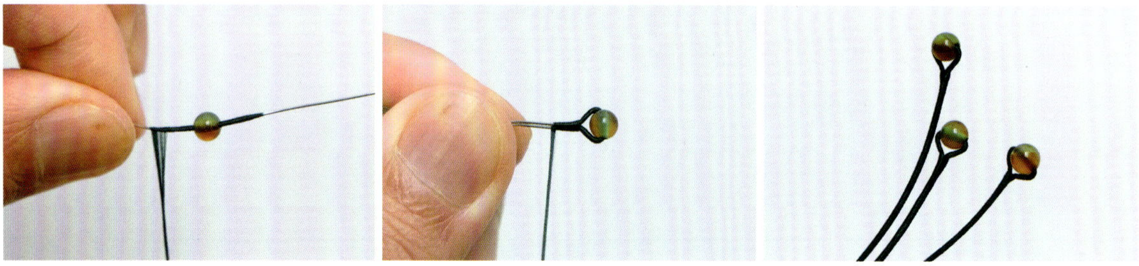

16.取一根0.4mm不锈钢软丝，中间缠一段绑线，然后穿一颗小珠子，再对折钢丝绑起来，以此类推做出三根珠子配件。

17.将做好的叶子每三片一组来组装，可以在其中穿插一两颗小珠子作为点缀。

18. 再按照之前的教程制作一只蝴蝶来搭配，用两根0.4mm不锈钢软丝对折，绑一根枝杆，然后伸进蝴蝶弹簧里一部分。

19. 用绑线固定好蝴蝶和枝杆，再缠绕一长段拴丝，调整一下枝杆的弧度。

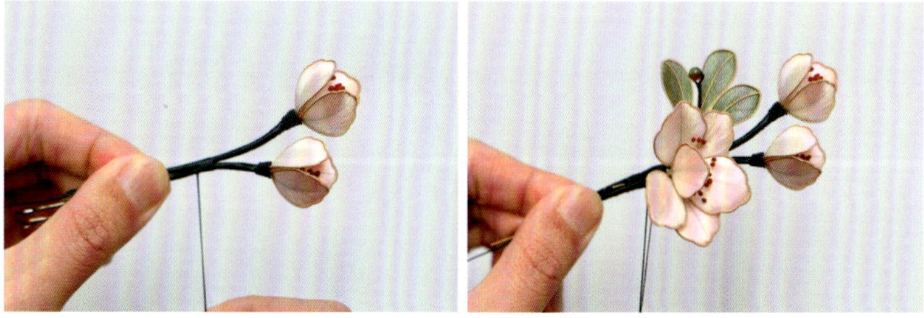

20. 将两个花苞稍微错落开绑好，依次绑上做好的叶片、小花。

21. 将蝴蝶调整到想要的角度，再绑到主枝杆上。

22. 将另一组叶片与大花合并绑在一起。

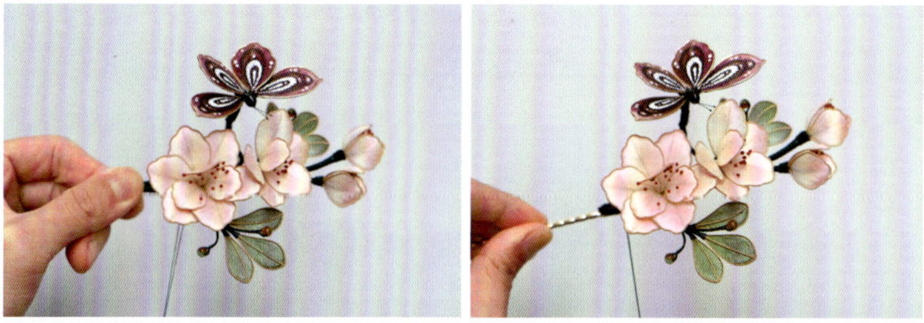

23. 将绑好的大花部分绑到主枝杆上，然后修剪掉多余的枝杆部分，绑上发簪主体。最后用拴丝收尾一下主体部分，刷上发胶固化绑线。

24. 蝶落海棠发簪就制作完成了。

风递荷书

1.准备浆好的布料，这里用的是薄绢、素缎与金缎。

2.用水消笔在薄绢上画出花瓣与荷叶的形状，剪出需要的数量，荷叶1片，花瓣11片，以及一块素缎作为花瓣的底衬。若需要多片一样的花瓣，可以将布料叠放几层来剪样。

3.为所有剪好样的布料染色，可以用加水量来调整颜色的深浅，染好后晾干。

4.在花片中线位置贴上#28号纸包铁丝，均匀、轻薄涂满南宝树脂后贴上底衬，等南宝树脂干透后按照花瓣面的形状剪下来。

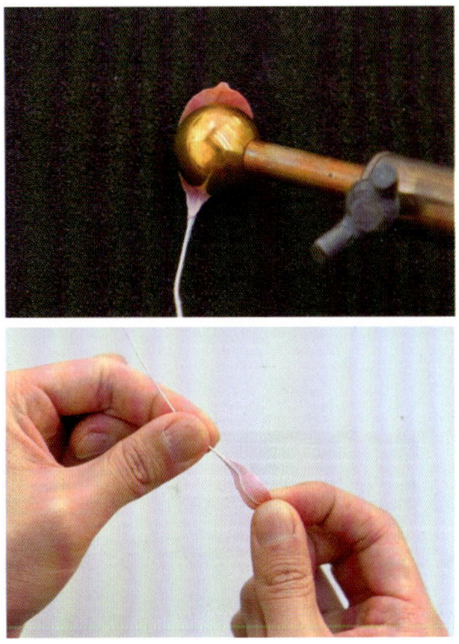

5.将烫花器预热至180℃，用刀镘烫一下铁丝的两侧，再用球镘将花瓣前端烫出碗形的弧度，用手指将花瓣弧度调整成“S”形。

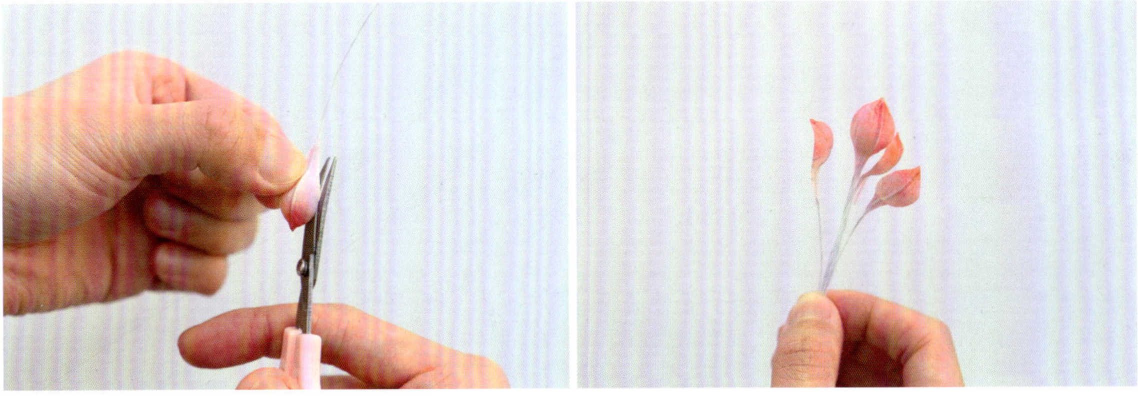

6.修剪一下边缘的毛糙与褶皱，处理好所有花瓣，备用。

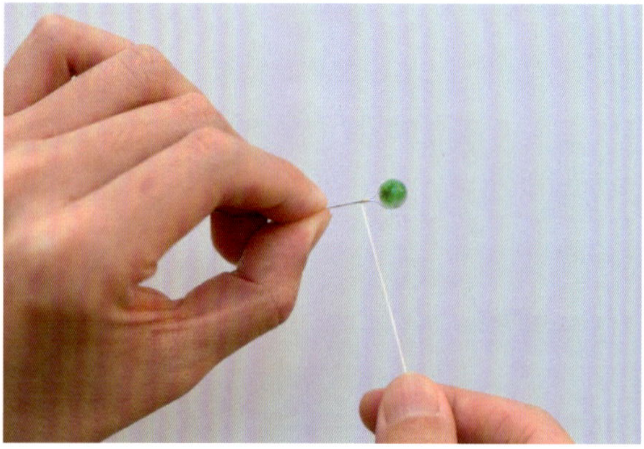

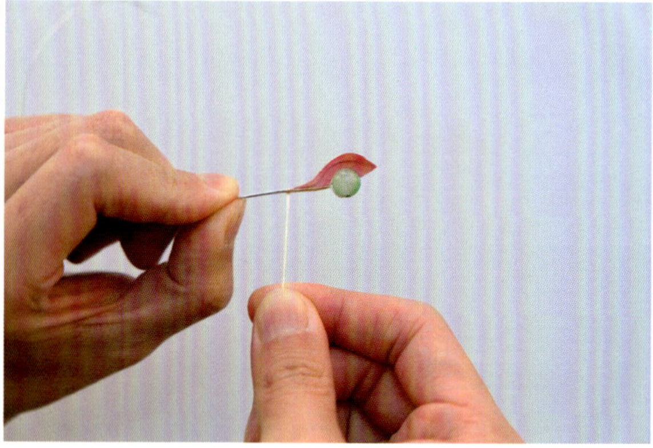

7.穿一颗8mm的珠子，缠绕一段长度后绑上做好的花瓣。

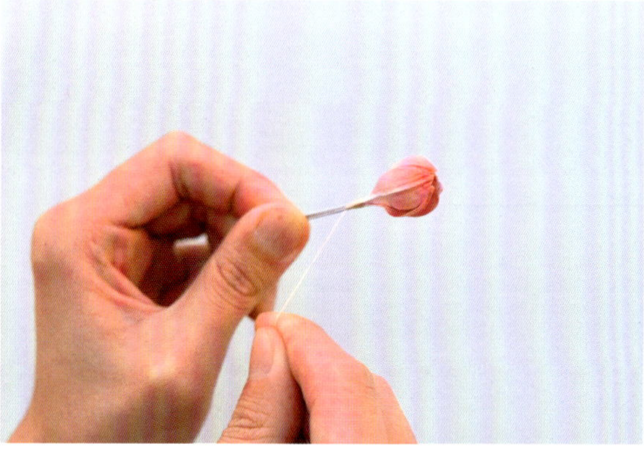

8.用5片花瓣包住珠子后，用绑线再缠一小段枝杆，再微微错落地绑上5片花瓣。

9.再绑上一片花瓣，压在绑好的花瓣上，稍微向外掰开，做出花苞将开的姿态。

10.绑好后用拴丝包住花苞的底部，做出花托，下面的绑线用两股丝绒线绑出一段较长的长度，调整成流畅的枝杆。

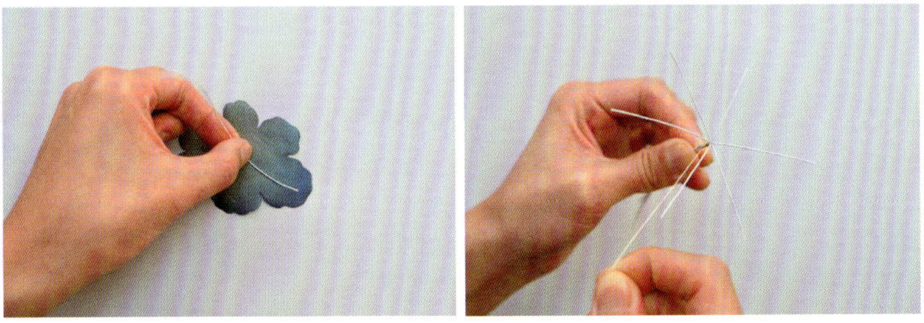

11.开始处理荷叶，叶片形状总共有6个突出的部分，每个突出部分的前端都需要一根#28号铁丝来做骨架，调整一下角度，把6根铁丝的弯折处合并绑好。

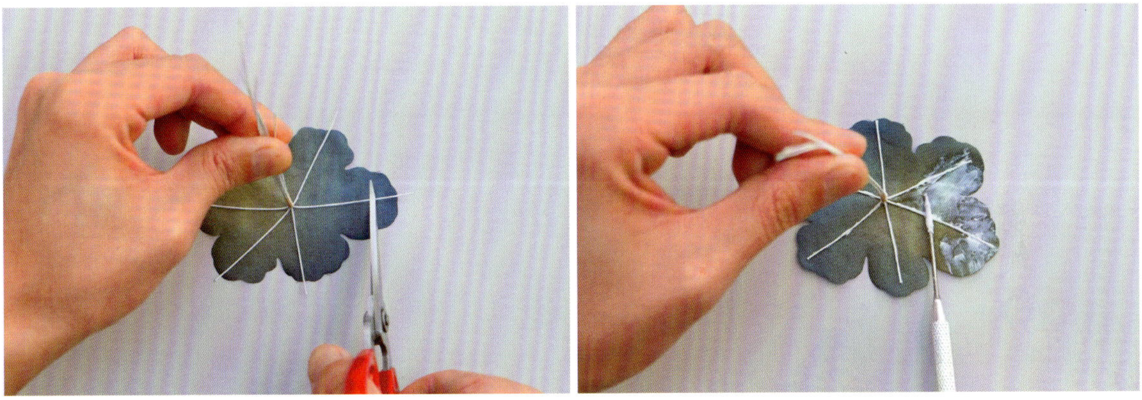

12.将纸包铁丝的长度剪至稍短于叶片边缘，然后涂南宝树脂粘在叶片上，随后在整个叶片上均匀地薄涂南宝树脂。

13.用锥子在金缎的中心位置钻一个孔，然后穿过叶片上绑住的纸包铁丝。

14.将金缎与叶片按压至完全贴合，晾干后剪掉多余的金缎。

15.将烫花器预热至180℃，先用刀镘在每根铁丝的两侧顺着烫一遍，然后刻画一些自然的叶脉纹理。

16.用瓣镘在图中两处相对位置上的叶片边缘处烫出一点弯曲的弧度。

17.在纹路中勾勒少许金墨，用笔要轻柔稳妥。

18.用线香在叶子边缘烫出一点焦边的效果，再在叶子中部烫两个相邻的孔洞。

19.在叶片底部缠绕拴丝，然后用手指将叶片上烫出弯曲弧度的两个部分卷起来。

20.剩下的叶片部分用指腹将铁丝拗出先聚拢后下弯的弧度，使叶片呈现自然的下翻状态。

21.准备一颗珍珠、一颗莲蓬雕件、一个四孔金属花蕊，先用0.4mm不锈钢软丝缠线穿过珍珠绑好，用两根0.4mm不锈钢软丝穿过莲蓬，然后穿过四孔花蕊，用钳子拧成麻花丝固定再缠绕绑线。

22.分别将珍珠与莲蓬部件插进叶片上的两个孔洞，然后与叶片的枝杆合并绑好。

23.调整一下花朵枝杆的造型，然后和叶片的枝杆绑在一起。

24.修剪一下枝杆的长度，然后绑上主体。

25.再用拴丝给主体收尾，在绑线上刷适量发胶固化，风递荷书发簪就制作完成了。

金灯引蝶

1.准备浆好的布料，这里用的是薄绢与素缎。

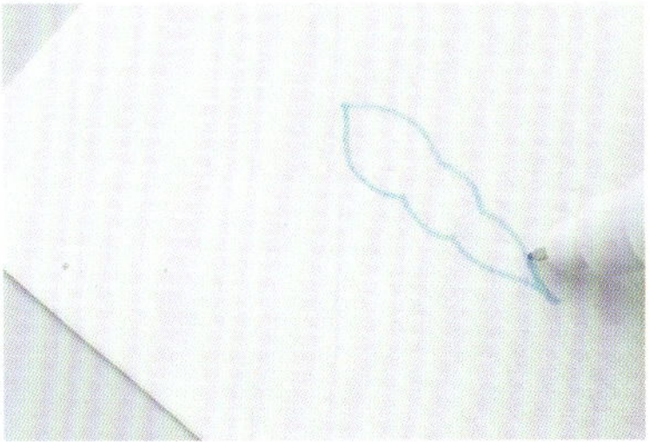

2.用水消笔在薄绢上画出花瓣的形状，剪出需要的数量，每朵花需要6片花瓣，6朵花需要36片花瓣，可以将布料叠放几层来剪样，记得剪一块素缎贴在花瓣背面作为底衬。

3.为所有剪好样的布料染色，可以用加水量来调整颜色的深浅，染好后晾干。

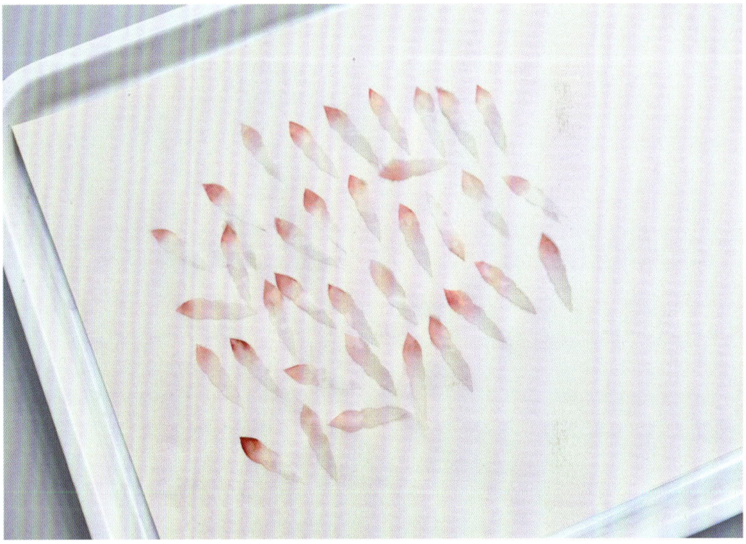

4.在花片中线位置贴上#28号纸包铁丝，均匀薄涂满南宝树脂后贴上底衬，等南宝树脂干透后按照花瓣的形状剪下来。

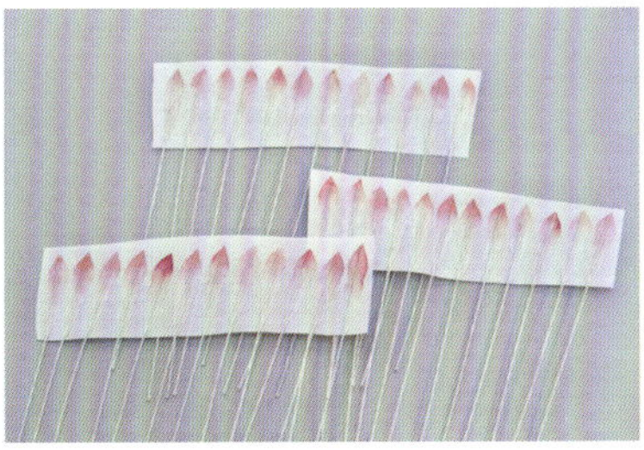

5.将烫花器预热至180℃，用刀镘烫一下铁丝的两侧，再用球镘将花瓣前端烫出碗形的弧度。

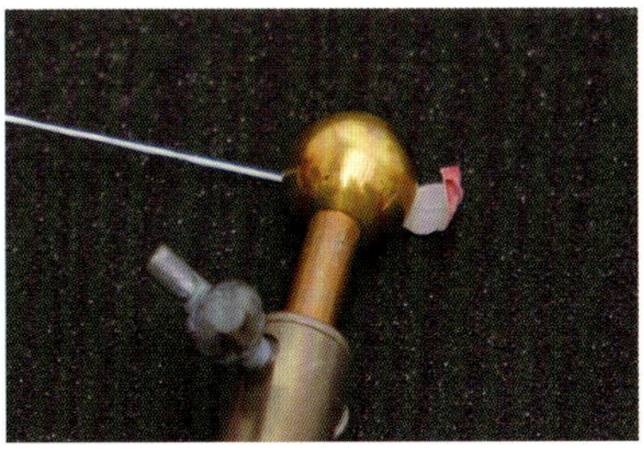

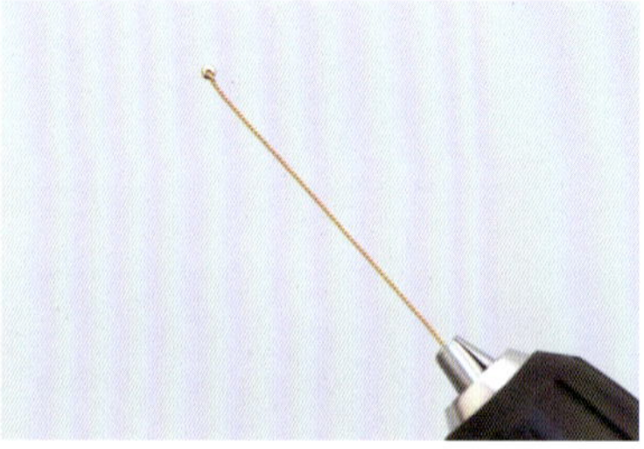

6.取30颗左右的3mm铜珠，准备好一根较长的0.5mm铜丝做的拴丝，穿过铜珠拧成麻花丝，以此类推将全部铜珠拧好。

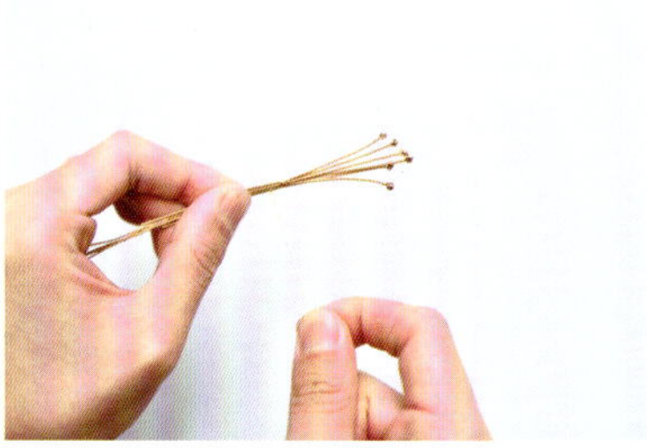

7.取5～6根铜珠麻花丝，作为一组，稍微错落地合并绑好，用剪钳斜着修剪一下杆子的粗细。

8.用指腹将麻花丝拗出自然散射状的弧度，这样的花蕊部件需要绑5个。

9.以花蕊为中心按散射状均匀地绑上6片花瓣，将5个花蕊全部绑成小花。

10.另外做一朵中心只有一颗铜珠的小花。

11.把所有的花都绑在作为花托的拴丝上，枝杆稍微拗出向上弯的弧度。

12.按照之前的教程做一只蝴蝶来搭配，用两根0.4mm不锈钢软丝对折绑一根枝杆，然后伸进蝴蝶弹簧里一部分。

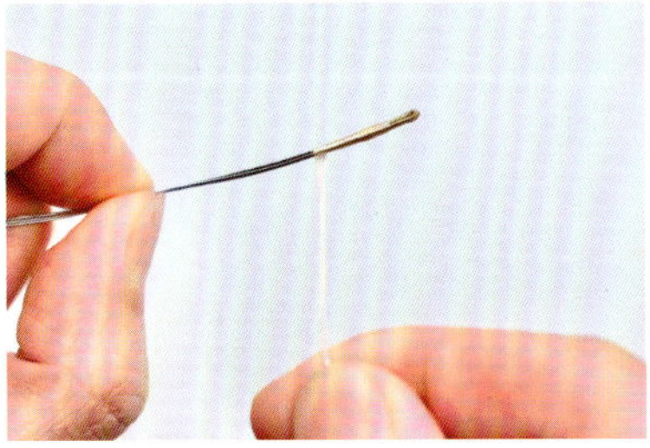

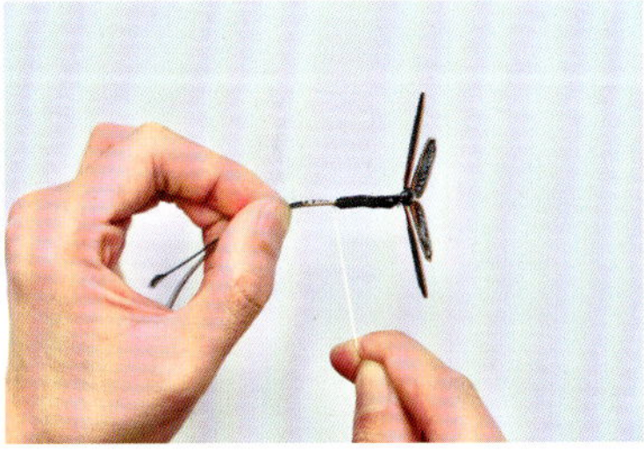

13.用绑线固定好蝴蝶和枝杆，再缠绕一长段拴丝，调整一下枝杆的弧度。

14.以没有花蕊的小花为中心，在它的上方与左右两侧各组装一朵小花。

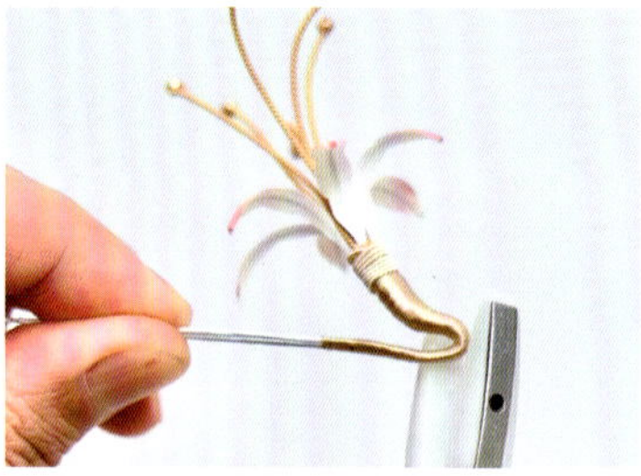

15.剩余的两朵小花，用尼龙钳拗出弯折的造型。

16.将弯折部分卡进已经绑好的花簇枝杆的分杈部分，然后将所有花朵绑好。

17.调整一下花蕊的方向，为蝴蝶预留适当空间，然后绑上做好的蝴蝶。

18.在枝杆合并的地方绑上拴丝，这里用的是编织线。

19.修剪一下枝杆的长度，若枝杆较粗，可以选择上端压扁的发钗主体。

20.绑上主体，记得用拴丝收尾，刷发胶固化绑线。

21.金灯引蝶发钗就制作完成了。

螽聚八仙

1.准备好所需的绒片，颜色可以根据自己的喜好进行调整，制作每朵小花需要5片，8朵小花共需要40片。

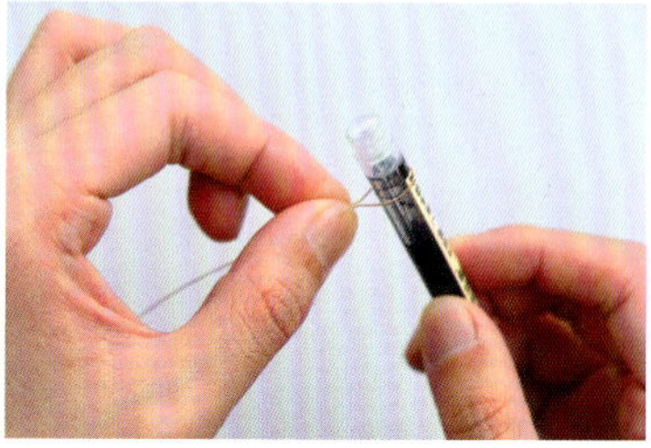

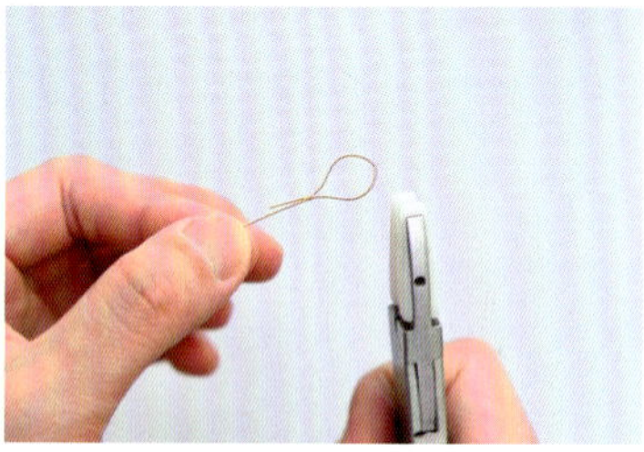

2.用一根笔管来做花瓣的掐丝，绑好后可以再用尼龙钳调整一下，大小和形状不需要完全一样，少许差异可以让花型显得更加自然灵动。

3.做好所需数量的花瓣，微微烫出弧度，再以3mm小珠子作为花心，以5片花瓣为1朵，组装成小花，可以将花瓣绑得自然随意一些。

4.绑好后点涂适量快干胶，套上一个珠托作为花托，在枝杆上绑线，做好8朵小花备用。

5.准备6个鱼线花蕊、5个小号蝶贝碗花和10颗2mm铜珠。

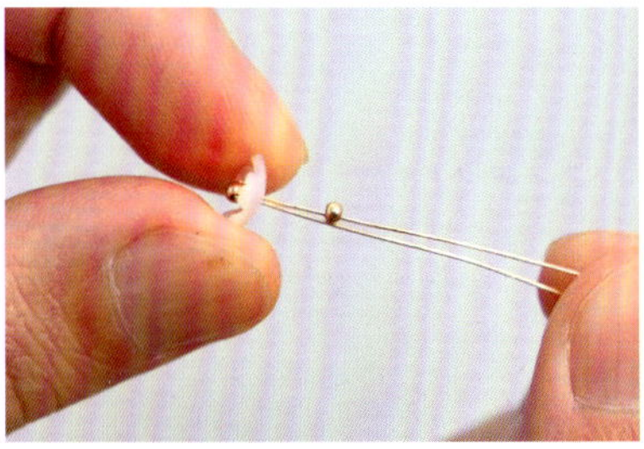
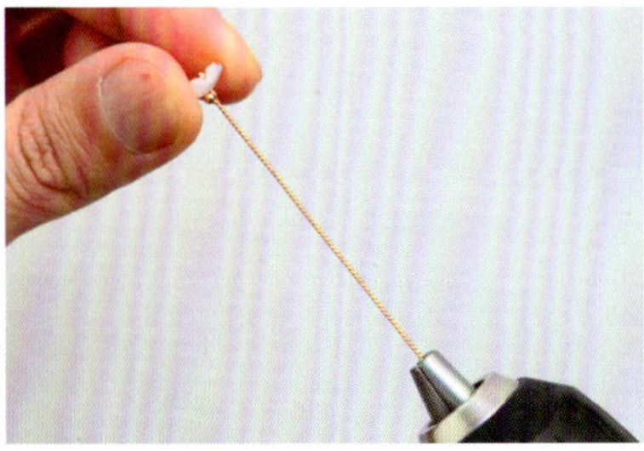

6.用0.4mm铜丝穿过铜珠作为蝶贝花的花心，其中一根铜丝穿一颗铜珠后拧成麻花丝，缠绕绑线。

7.将鱼线花蕊和蝶贝花错落有致地绑在一起，作为琼花的花心。

8.将花心和小花的枝杆弯折，将小花绑在花心外围。

9.将6朵小花绑在花心周围，下方预留出剩余2朵小花的空间。

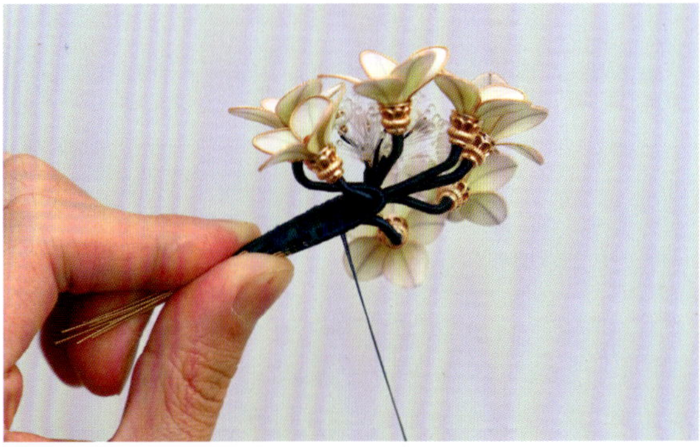

10.剩余2朵小花用尼龙钳拗出弯折的造型，将弯折部分卡进已经绑好的花簇枝杆的分杈部分，然后绑好。

11.将所有小花绑好后缠绕一段拴丝固定好花杆，调整一下各个小花的位置，让整个花显得自然随意一些，主花就制作完成了。

12.准备一对玉虫翅，在其中一片的边缘涂一点快干胶，另一片覆盖住涂胶部分，将两片玉虫翅粘在一起。

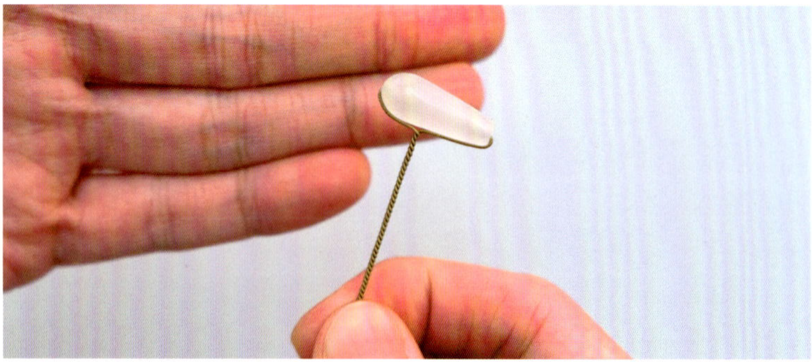

13.用拴丝穿过一个通孔水滴珠，拉到中间部分后用电钻拧成麻花丝。

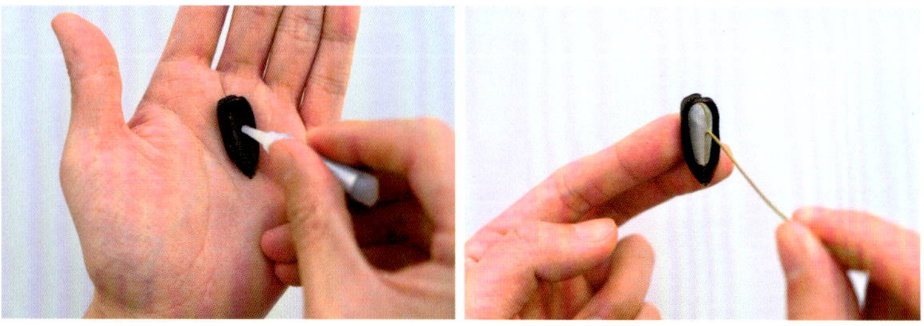

14.在粘好的玉虫翅内侧涂快干胶，将水滴珠按上去，静待胶干。

15.用封层胶把水滴珠和玉虫翅薄涂后封在一起，照美甲灯固定，可以多次补涂调整，每次照灯时间控制在3～4分钟。

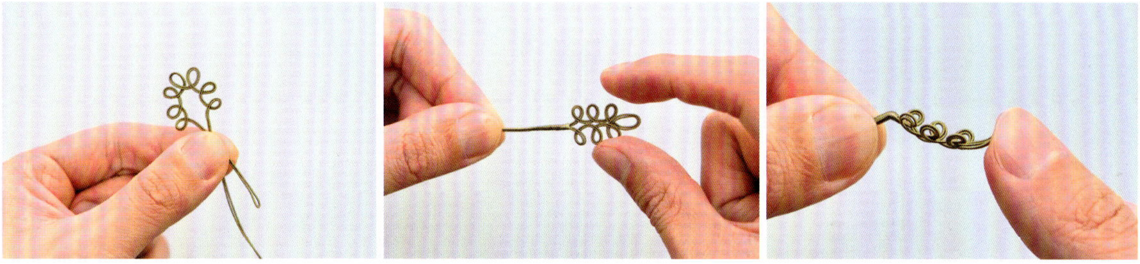

16.用两根0.5mm铜丝做的拴丝做一个大小合适的绕花丝，用指腹捏窄，然后稍微拗出向上翘的弧度。

17.把绕花丝枝杆向下弯折，和水滴珠的拴丝合并，使绕花丝托住水滴珠，最后再用适量的封层胶把绕花丝和水滴珠固定在一起，封住。

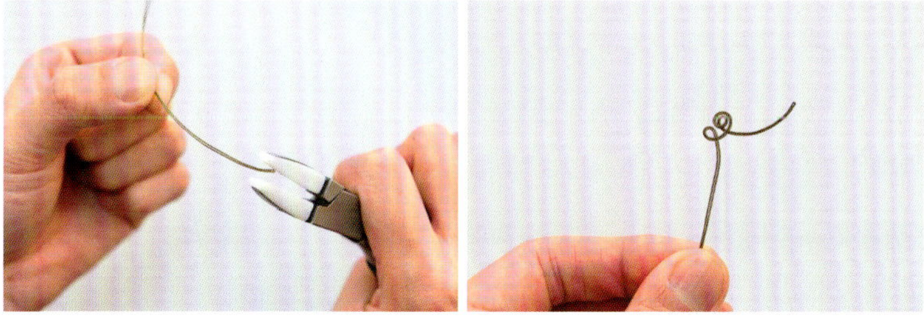

18.用0.3mm不锈钢软丝做拴丝，对折后用尼龙钳夹紧，绕成如图所示形状的绕花丝，作为螽斯的腿部，这样的部件需要做2个。

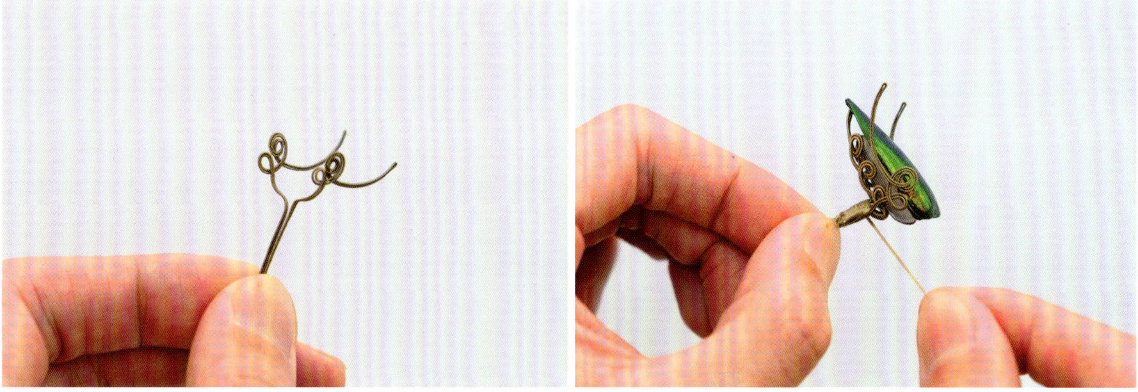

19.将2个绕花丝部件拗一下造型，绑在玉虫翅的两侧。

20.在两侧绕花丝部件的中心孔洞，穿一根0.3mm不锈钢软丝做的拴丝，合并到下方绑好。

21.用0.5mm铜丝做一由4个绕线盘组成的绕花丝，调整一下造型，盖住玉虫翅的前端，和枝杆绑在一起。

22.用拴丝穿过一颗大小适中的圆珠，两颗珍珠用0.3mm不锈钢软丝拴丝做成弹簧部件，将圆珠和弹簧部件都加到玉虫翅前端绑好，分别作为螽斯的头部和触须。

23.修剪一下主枝杆的粗细，拴丝固定绑好，可以在枝杆上再绕几圈拴丝作为细节点缀，最后调整一下整体造型的弧度。

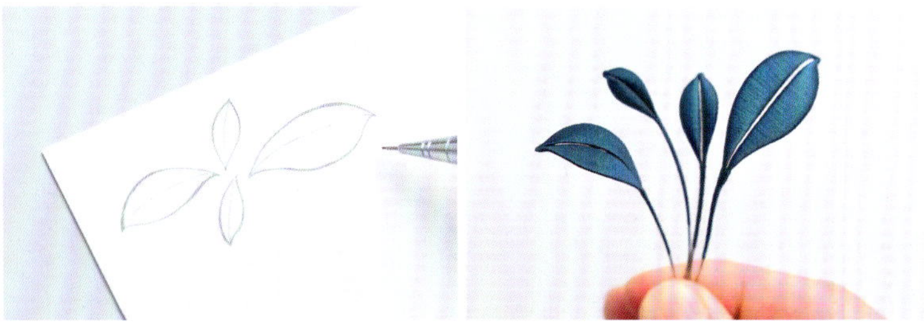

24.将叶片画在350g卡纸上，大小与形状可以自行调整，剪下来后用0.4mm不锈钢软丝为骨，用丝绒线缠好叶片，最后用指腹将叶片拗出弧度，喷发胶固化，晾干。

25.将缠花叶片按散射状合并绑好，拴一段拴丝，将枝杆绑长一点。

26.将做好的螽斯加到琼花左上方固定，绑好后将枝杆剪短。

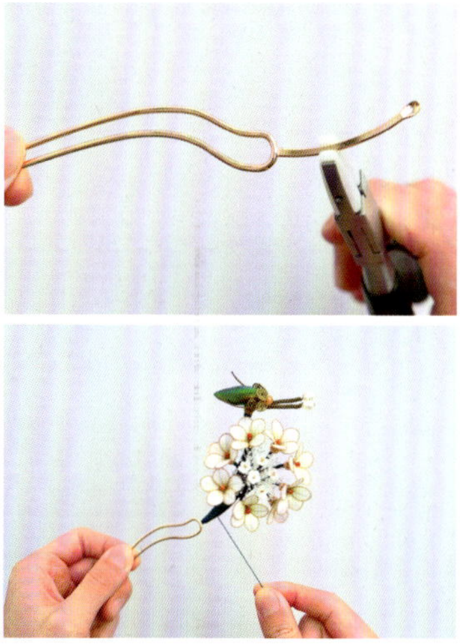

27.用尼龙钳将主体拗成想要的造型，把主体绑到枝杆底部，可以涂一点快干胶固定。

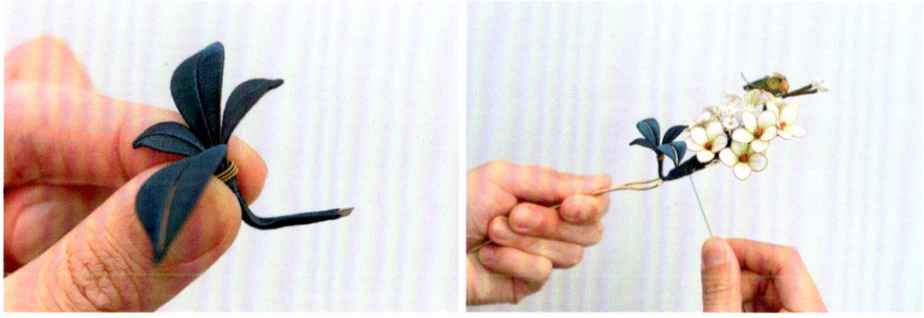

28.将叶片枝杆弯折约90°，修剪一下长度，在绑线位置的另一端加上做好的叶片部件。

29.在主体部分上缠绕拴丝，绑好收尾后涂发胶固化一下，调整一下叶片的位置和造型。

30.玉蕊琼花发钗就制作完成了。

山椿苍色

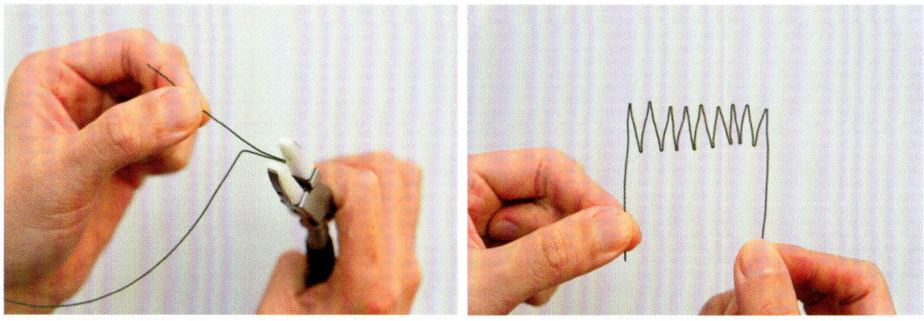

1.用0.5mm铜丝制作一段长拴丝，预留一段距离后，在每两厘米左右的距离用尼龙钳夹紧，然后再从相反反向进行同样的步骤，最后做出外边缘有8～15个折角的一段折线。

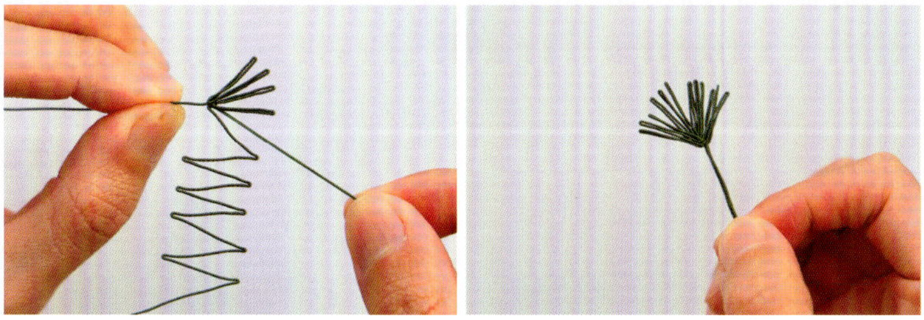

2.将每一个下方的折角穿过绑线合并绑好，将折角捋顺，一个小松针部件就做好了。

3.小松针部件共需要准备12个，然后以每3个部件为一组绑在一起，做出4簇松针，绑好后缠绕拴丝固定。

4.将两簇松针枝杆弯折，然后依次绑在一簇松针的枝杆上，合并处缠绕几圈拴丝。用尼龙钳将松针枝杆向下弯折。

5.准备好制作两朵花所需的15片绒片，颜色可以根据自己的喜好来决定。

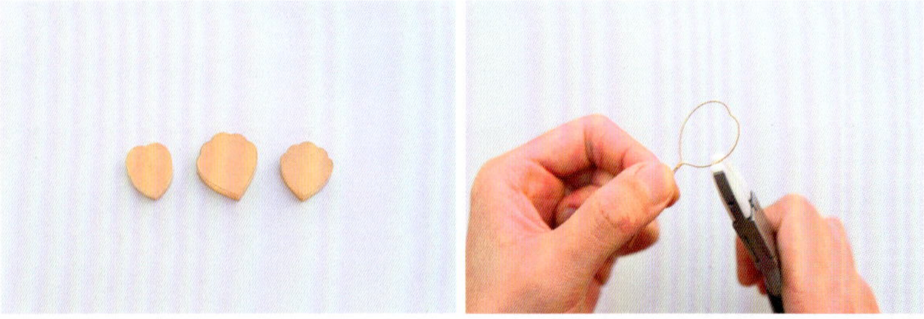

6.准备几种不同大小和形状的花瓣掐丝模板，制作好的掐丝也可以用尼龙钳自行调整一下掐丝的形状，让花型显得更加自然灵动。

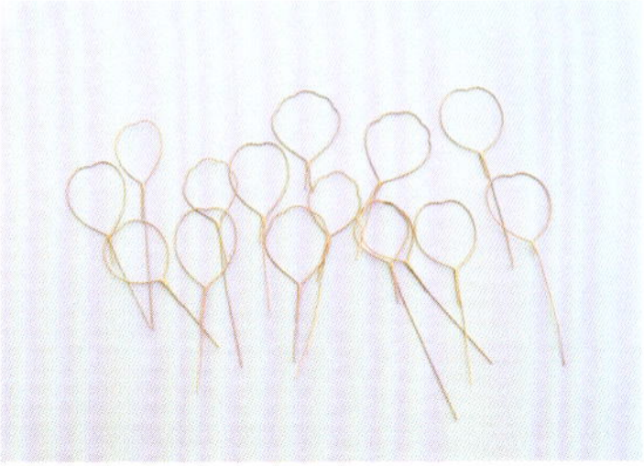

7.不同大小、形状的掐丝各做数个，具体数量和比例没有硬性要求，可以灵活调整。

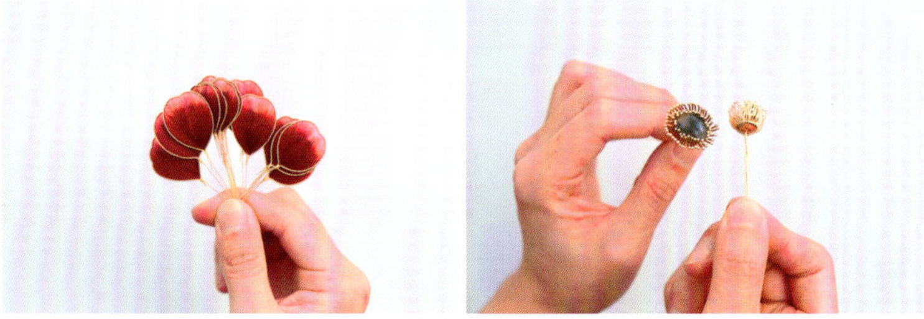

8.掐丝绒片做好以后，花片需要有轻微弧度，另准备两朵花需要的花蕊和花心，这里用的是戒面与四孔金属花蕊。

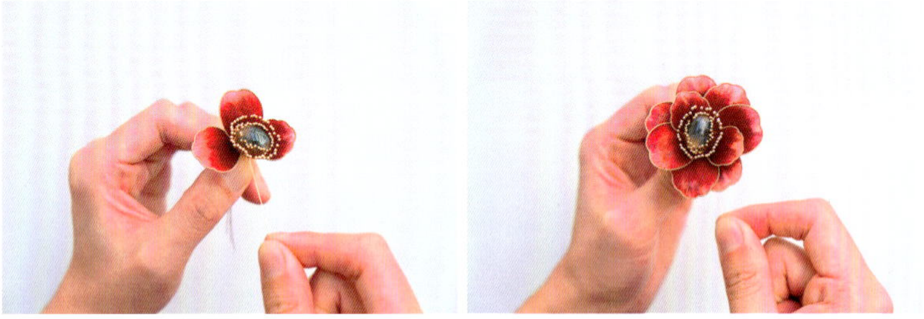

9.将花片绑在花心周围，可以不规则地安排所绑花片的形状与位置，确保绑好后花心四周没有空缺即可。

10.绑好尺寸稍微有差异的两朵花，背部点上快干胶。

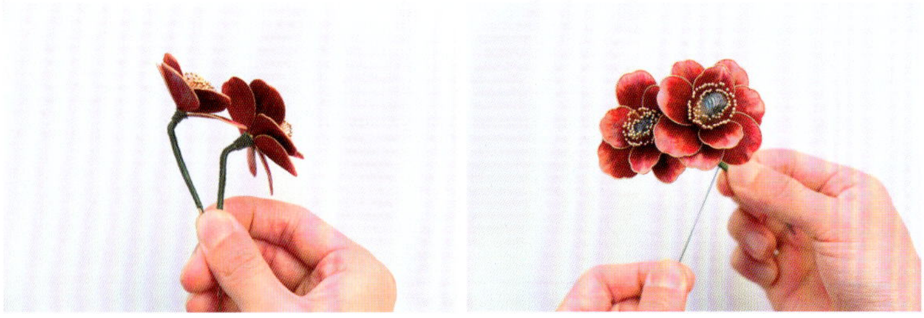

11.缠绕拴丝作为花托，将枝杆弯折后稍微错落开，将两朵花绑在一起。

12.准备3片料器叶子，用0.4mm不锈钢软丝拴丝绑好，叶片也可以用缠花、掐丝绒花自行替代。

13.将两片叶片绑在一起，再加上一簇松针，拴丝固定后用尼龙钳弯折一下枝杆。

14.在主花左侧绑上做好的叶片与松针，再在主花右上角空缺处绑一片料器叶子来平衡构图。

15.在主花右侧绑上松针枝杆，合并绑好后修剪一下总枝杆的粗细与长度。

16.加上主体，绑好后缠绕拴丝收尾，刷适量发胶固化，山椿苍色发钗就制作完成了。

蝶兰雅韵

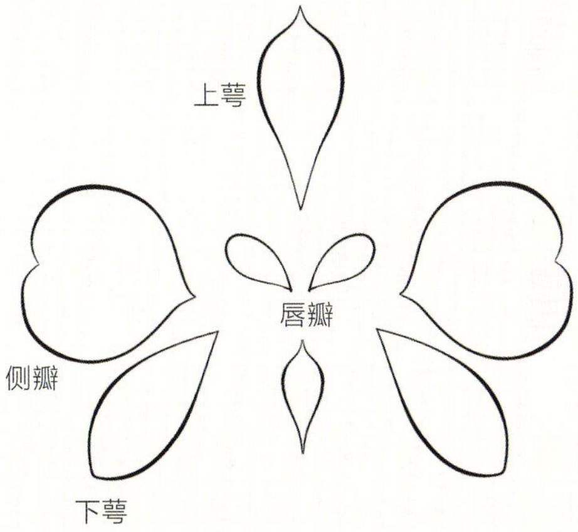

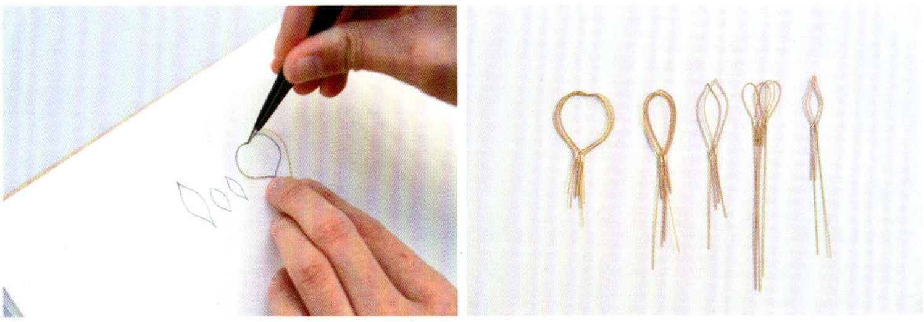

1.花型拆解示例，制作两朵主花，花片共需要准备侧瓣4片、上萼2片、下萼4片、圆头唇瓣4片、尖头唇瓣2片。画出每种花片的大致形状后，用尼龙钳辅助做出类似形状的掐丝，简单的形状可以使用掐丝模板。花型拆解示范了基本的组成结构，可以自行对花片的比例、形状做出调整。

2.用花瓣形的掐丝模板制作花苞所需的掐丝，制作3个不同尺寸的花苞，每个花苞需要3片花片。

3.准备处理好的绒片，颜色可以根据自己的喜好调整。

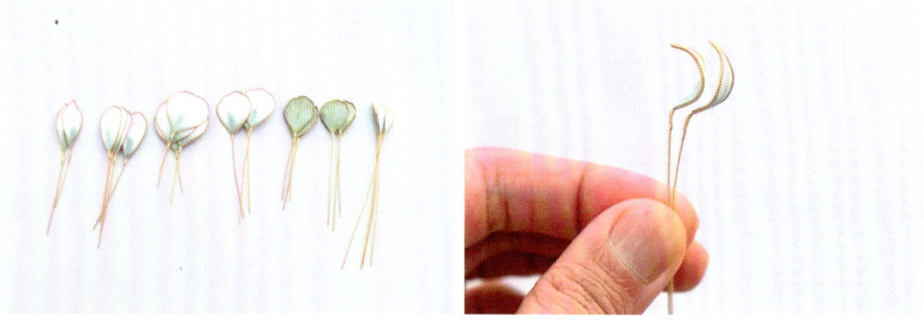

4.做好所有掐丝绒片，其中两片尖头的唇瓣需要做出半圆弧度，其余绒片只需做出轻微弧度。

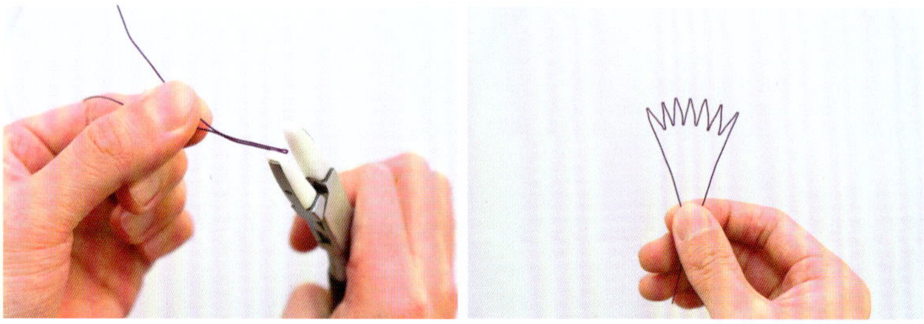

5.用0.5mm铜丝制作拴丝，预留一段长度后，在每一厘米左右的距离用尼龙钳夹紧，然后再从相反反向进行一样的步骤，最后做出外边缘有7个折角的一段折线。

6.将每一个下方的折角穿过绑线合并绑好，折角调整成散射状，然后用圆嘴钳将每个折角向内卷起，做成花蕊。

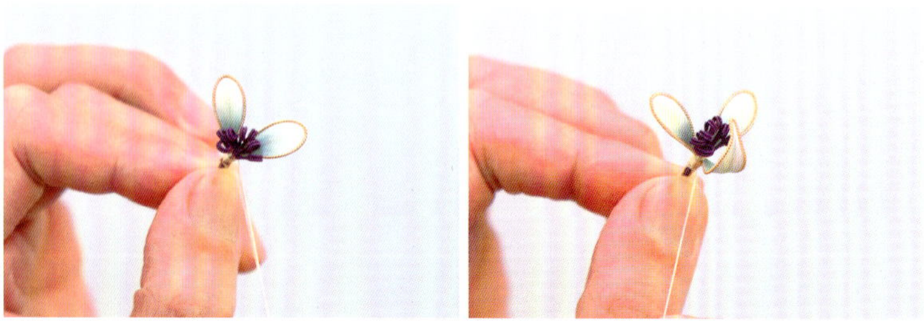

7.绑上圆头的唇瓣绒片，然后再用尖头的唇瓣绒片包住花蕊，绑好。

8.按照花型拆解示例图，依次绑侧瓣绒片、上萼花片和下萼花片。

9.做出2朵主花，绑好后点快干胶固定。

10.用0.5mm铜丝制作拴丝，先绕成一小段弹簧，然后将拴丝的一头穿进弹簧，从另一端拉出拴丝，作为花苞的花蕊。

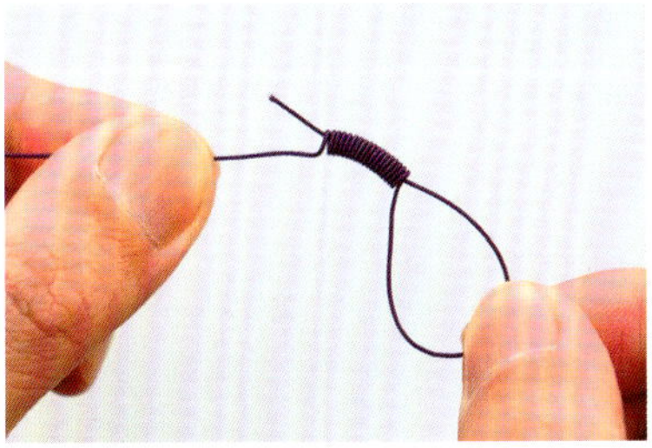

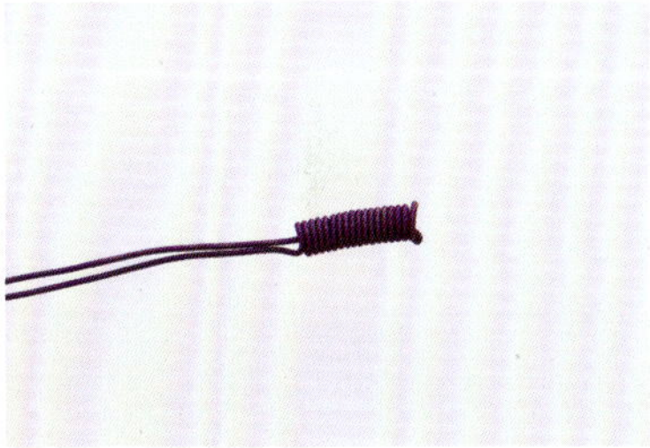

11.用3片花片包住花蕊绑好后点胶，分别做好3种尺寸的花苞。

12.在主花和花苞上全部缠绕作为花托的拴丝。

13.将叶片画在350g卡纸上，大小与形状都可以自行调整，剪下来后以0.4mm不锈钢软丝为骨，用丝绒线缠好叶片，为了使缠花的染色效果更加自然，建议用单股无节丝绒线。

14.用清水浸湿叶片，再用纸巾吸掉多余的水分。

15.用画笔蘸取固体水彩颜料调色，少量多次涂在叶片上，可以蘸清水让颜色过渡得更加自然，染好后等叶片自然晾干。

16.晾干后的染色叶片用指腹拗出弧度，喷发胶定型，将做好的叶片以3片为一组，枝杆向下掰出折角，呈散射状绑好。

17.将两组叶片错落地合并绑好，每隔一段距离用拴丝做出竹节效果，最后将做好的竹枝弯折。

18.用尼龙钳弯折小号花苞的枝杆，在弯折处绑上中号花苞。

19.在枝杆合并处缠绕几圈拴丝，绑一段枝杆后再加上大号花苞。

20.用尼龙钳调整一下主花的枝杆弧度与走向，然后高低错落地在枝杆上绑上两朵主花。

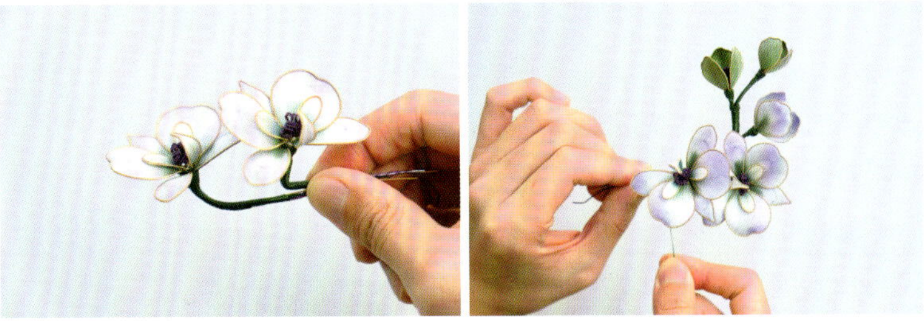

21.绑上做好的竹枝，让竹叶位于两朵主花的右上角空缺处。

22.修剪一下枝杆后绑上主体，可以在枝杆与主体间点适量的快干胶固定。

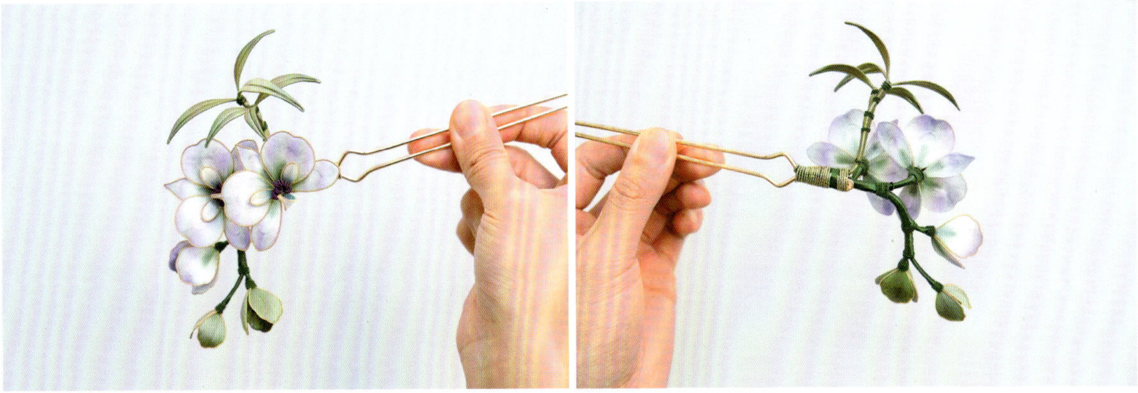

23.绑好后将拴丝收尾，绑线位置刷适量发胶固化，蝶兰雅韵发钗就制作完成了。

福花毓秀

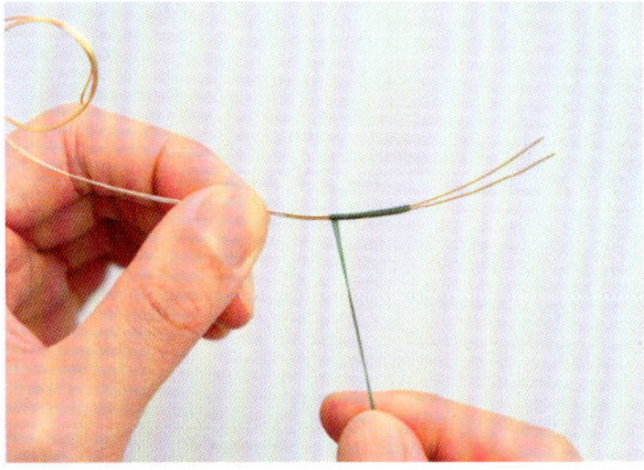

1.取两根较长的0.5mm铜丝制作拴丝，缠线的部分大约40cm。

2.用两种颜色的拴丝制作绕花丝，注意，过程中要始终保持拴丝的平整，拴丝出现交叉时要及时捋顺，绕出8个圈后合并绑好。

3.做出2个8圈的绕花丝后，另做2个5圈的小号绕花丝，大小号的绕花丝可以用不同颜色区分。

4.挑选大小合适的配件，图中选用配件为翡翠花片、蝴蝶身体造型的粉水晶雕件、岫玉小花、东陵玉小花，配件可以自行替换或用其他工艺来制作。

5.图中两种小花雕件分别为通孔和牛鼻孔，皆可用0.4mm不锈钢软丝做的拴丝来固定，拴丝穿过雕件后拉至中间，用电钻拧成麻花丝。

6.根据大小将小花配件分别绑在两种尺寸的绕花丝的中间部位。

7.将两个绑了小花雕件的绕花丝紧凑地绑在一起，拴丝固定后用尼龙钳弯折枝杆，发钗的绕花丝部分就完成了一半，以此类推再制作一个对称方向的部件。

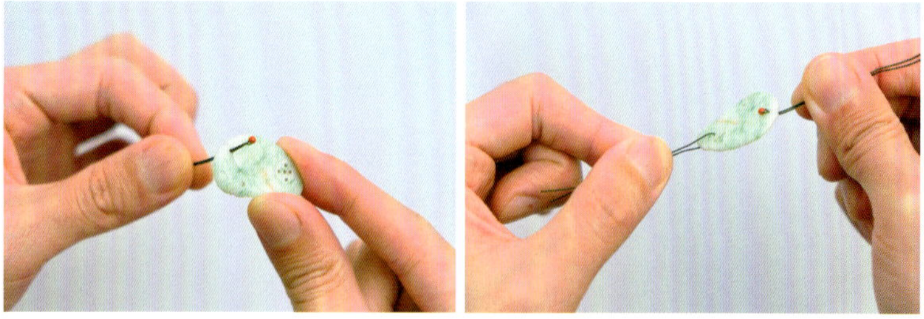

8.翡翠花片上通常会有多个孔位，用0.3mm不锈钢软丝做拴丝，固定一颗小珠子后再穿过花片上方的孔位，再取一根拴丝穿过花片下方的孔位。

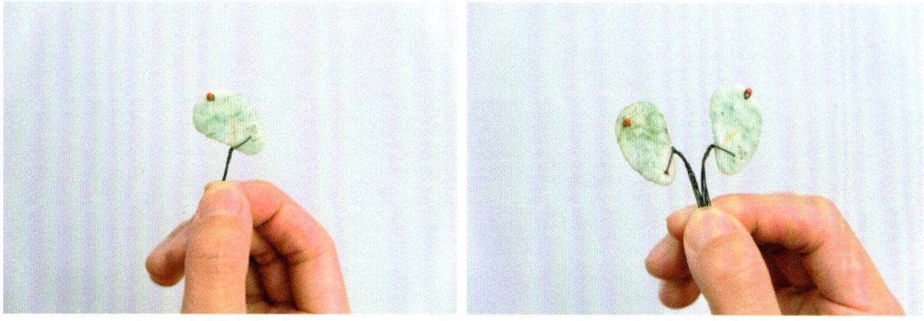

9.将拴丝全拉到花片一侧的边缘处拧麻花丝固定，另外一片花片也按照同样的方法绑好。

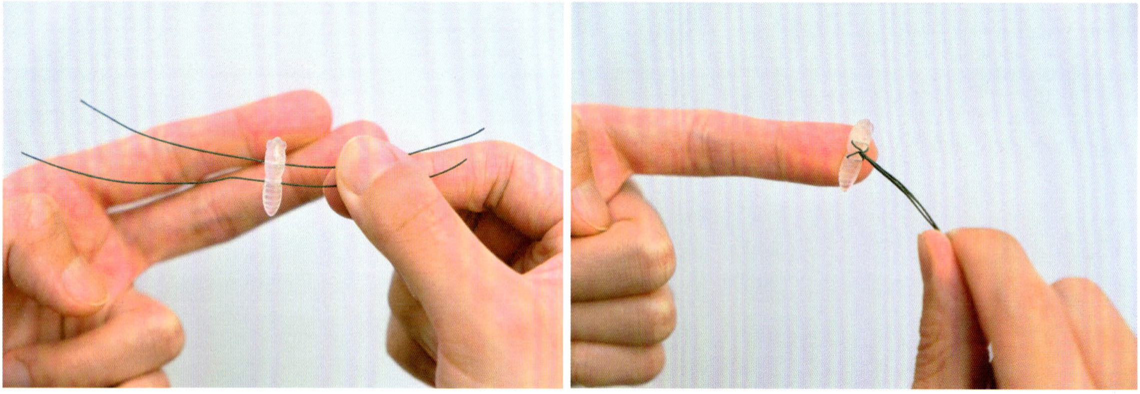

10.用2根0.3mm拴丝穿过粉晶雕件的两个通孔，拉到雕件底部拧麻花丝固定。

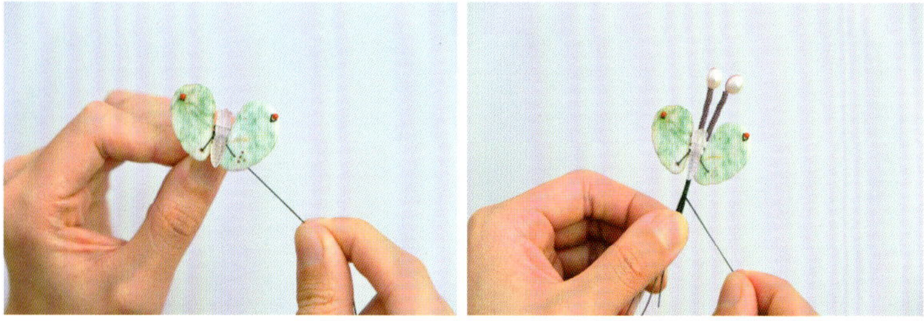

11.将绑好的2个翡翠花片绑在粉晶雕件的两侧作为蝶翼，再绑2个0.3mm不锈钢软丝的拴丝弹簧作为蝴蝶触须。

12.在枝杆合并处缠绕拴丝，再用尼龙钳调整成如图所示的角度。

13.将做好的2个绕花丝部件对称地绑好，再在中间的枝杆上绑上做好的蝴蝶。

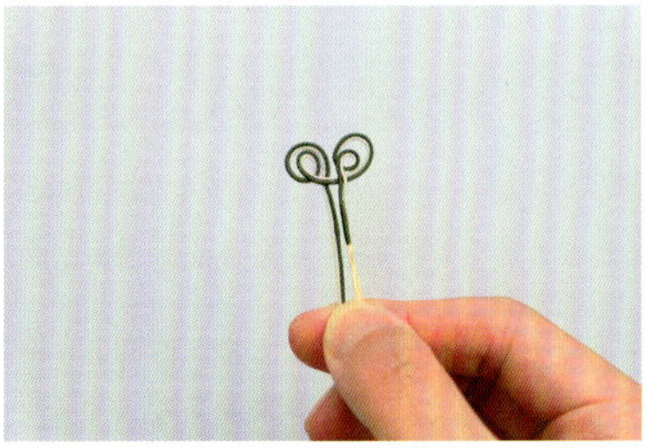

14.用0.5mm铜丝做的拴丝再做一个2圈的绕花丝，下面的拴丝部分不要绑在一起，捋顺即可，随后穿过蝴蝶下方的枝杆，将绕花丝卡在枝杆上面。

15.将穿过来的枝杆弯折到背后，用绑线绑好。

16.修剪枝杆后绑上主体，缠绕拴丝收尾后涂适量发胶固化，福花毓秀发钗就制作完成了。

碧波清濯

1.准备好所需的基本材料，天然石花瓣数十片，这里用的是金丝玉材质；叶片2～3片，这里用的是东陵玉叶片雕件；1个金鱼造型岫玉雕件。图中所有材料根据个人喜好，均可以替换成其他造型或材质。

2.将花瓣、叶片先用0.3mm不锈钢软丝做的拴丝绑好备用。

3.用双色的0.5mm铜质拴丝做出一大一小2个绕花丝花心。

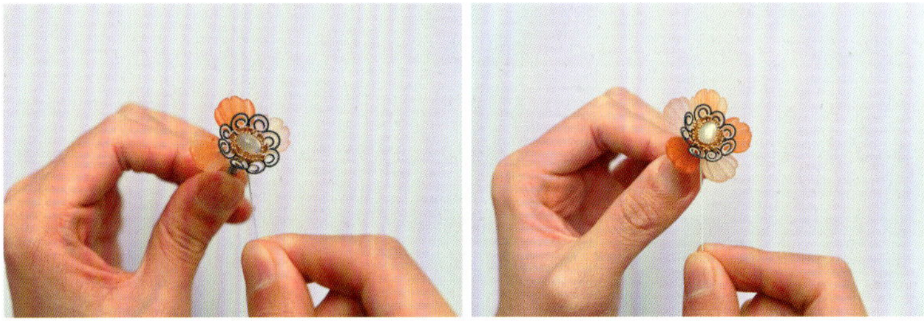

4.选一颗作为花心的珠子穿过金属花蕊固定，然后放进绕花丝合并绑好，将花瓣的拴丝弯折后，在花心周围绑3～5片花瓣，作为花朵的第一层。

5.制作第二层花瓣需要留适量拴丝的距离再弯折，在比第一层花瓣稍低的枝杆位置绑上5～8片花瓣，具体看想要的花朵大小来决定，绑好一大一小两朵花。

6.底部缠绕拴丝作为花托，将枝杆弯折后备用。

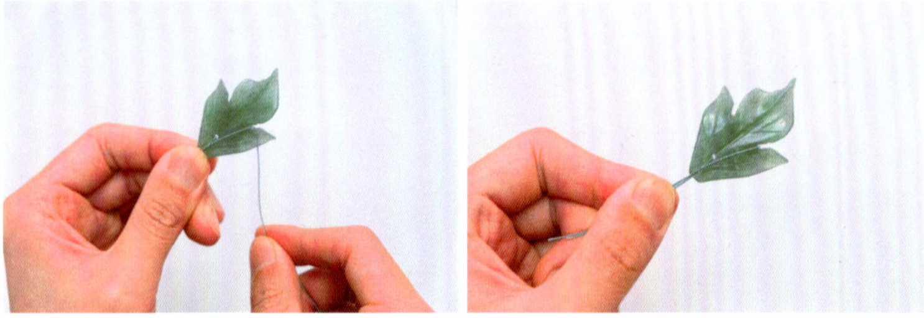

7.用0.4mm不锈钢软丝做拴丝，绑好叶片后，也可以选择性地在叶片的边缘凹槽处套上拴丝拉到底部合并绑好，这样可以增加叶片枝杆的粗度。

8.将所需要的叶片绑成较长的枝杆后备用。

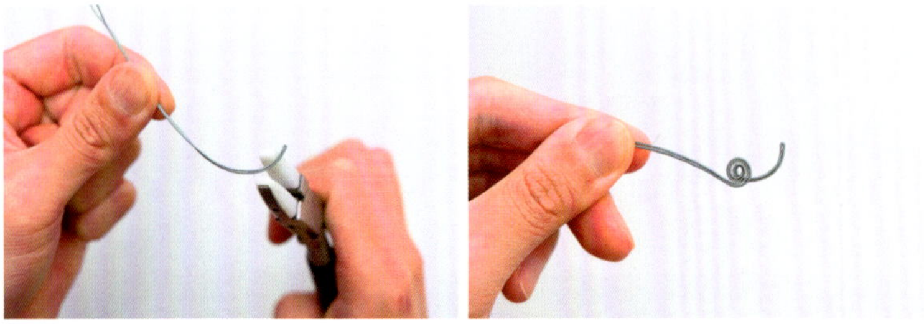

9.用0.6mm铜丝做拴丝，对折后用尼龙钳加紧，随意地绕出一个盘线图案。

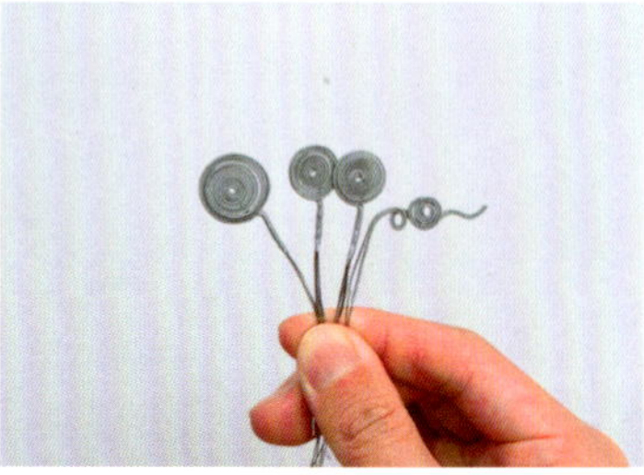

10.再做3个同样颜色的绕线盘，作为涟漪或浮萍的意象表达。

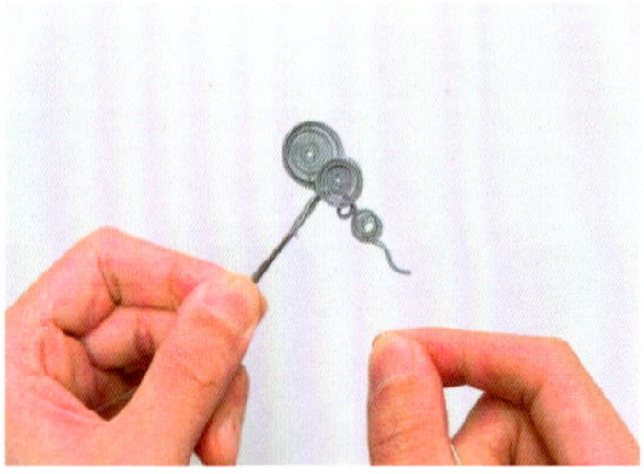

11.将绕线盘与盘线拴丝绑在一起，数量或位置都可以依照个人想法更改。

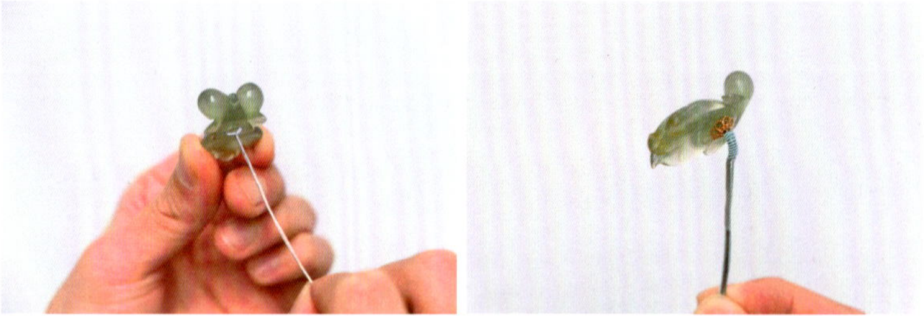

12.用两根0.4mm不锈钢软丝穿过金鱼雕件底部的牛鼻孔，拧成麻花丝，再套上1个金属小花托，涂上封层胶照灯4~5分钟固定，使雕件与钢丝完全固定，缠绕好绑线后调整一下枝杆弧度。

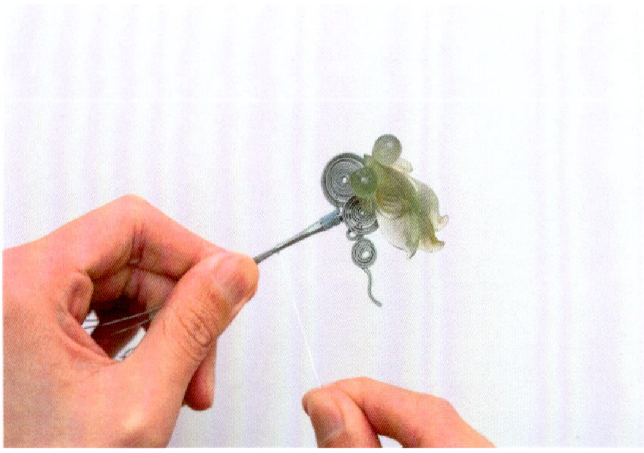

13.将金鱼稍微压住做好的绕线盘部件，把2个部件的枝杆合并绑好，缠上拴丝。

14.在下方绑上2朵做好的主花，使金鱼与绕线盘处于两朵花之间。

15.分别在主花的左上、右下方各绑上1片叶片，在下方的空缺处绑1个绕线盘，填补构图上的空缺。

16.对枝杆做适当的修剪后加上主体，天然石发簪有一定的重量，建议选择两股或两股以上的发钗作为主体。

17.制作过程中可以随时增减配件，对构图做出调整，可以再绑好一片叶子遮挡主体的绑线，使发钗整体造型显得更加饱满、和谐。

18.将最后的叶片枝杆弯折至背面绑好，拴丝收尾后刷发胶固化绑线，碧波清濯发钗就制作完成了。

肆

作品赏析

本章作品仅作学习用途，不可作商业用途

簪钗作品赏

玄芝仙草石景钗

灵芝，作为中国传统医药宝库中的瑰宝，又形似『祥云』和『如意』，自古就被赋予了众多吉祥美好的寓意。用多层绕花丝做出层次丰富的灵芝部分，围绕姿态轻盈的缠花草叶，其间点缀南红米珠，整株仙草宛如由太湖石造型的雕件中生长出来，自然灵巧的姿态亦展现了生机蓬勃的景象。

珍宝花果盆景钗

宝石盆景是中国传统艺术与宫廷文化的瑰宝之一，代表了极致的工艺水平与审美情趣。

作品用双色三股绕花丝做出器皿形态，上方饰以料器佛手、南红玛瑙莲花雕件、墨玉叶片与东陵玉石碗花，点缀一缕清逸灵动的绕花丝烟云，呈现宝石盆景的华美瑰丽。

山椿雅色·翠竹捻红发钗

在冬春之际盛开的山茶花，以及作为君子象征的翠竹，作品将二者结合，分别用缠花与掐丝绒花工艺来制作枝叶与花朵，两种植物的叶片分别用不同色调的绿丝线制作，用水彩颜料晕染出了渐变效果，山茶花心的戒面也选用了带绿调的水草玛瑙。

作品整体传达了茶花竹叶相伴、远离喧嚣的和谐情景，绿意盎然心自宁，同修静好，闲看流年，话旧又谈新。

春融繁花簪

花叶均用掐丝绒花制作，湖蓝色的主花搭配浅色小花，小花上用珠光水彩绘制花瓣纹路，叶片用近似的颜色来制作，使发簪的色彩更加丰富又不失和谐，花枝间穿插数颗桶珠点缀，正是一片春意融融、繁花盛景。

玉蕊琼枝 · 三足钗

蝶贝蝴蝶的触角用绕花丝的方式来增加古典韵味，用掐丝绒花制作琼花，叶片用缠花来制作，更显枝叶姿态之灵动。

紫晶岫枝·掐丝绒花簪

用紫色铜丝拧成的麻花丝做掐丝，配合紫水晶戒面、烟紫色调的叶片，使灰调的花瓣在视觉上有了亮点。岫玉雕刻成的树枝为作品增加了温润与透气感。

花事了·螺钿蝶系列簪梳

以黑色绒片为底粘贴螺钿片，搭配不同的渐变色使螺钿蝴蝶在视觉上具备与众不同的气质，螺钿的光泽已经足够耀，与粉色小花、螺钿小花组合使构图饱满、和谐。用碳化后的竹簪作为发簪主体，使作品具有自然质感。单独的蝴蝶也可以作为插梳、胸针。

兰也·掐丝绒花耳挖扁簪

作品用横构图表现出山野幽兰的清幽姿态，用银色铜丝做的掐丝、精致小巧的花叶组合，都让作品显得更加清丽。

小池·蜻蜓点荷单簪

“小荷才露尖尖角，早有蜻蜓立上头”这句出自宋代杨万里的《小池》一诗。诗句描绘了嫩绿的荷叶刚刚露出水面，而一只蜻蜓已经迫不及待地停歇在上面，享受这份清新与宁静的画面。这一幕，仿佛是大自然的巧妙安排，展现了生机勃勃的景象。

作品亦想表现夏日池塘边的清新景象，作品整体线条流畅自然，表现出荷花枝的延伸感，花苞、蜻蜓、水草皆用掐丝绒花制作，搭配绿玛瑙材质的雕刻荷叶，为作品增添了通透感。

燕尾蝶·雏菊花钗

雏菊犹藏春几度，燕尾蝶落花心处。作品以春日物候为创作母题，采用分焦设计结构：以紫色铜丝制成燕尾蝶的外轮廓，与雏菊花的绛紫色调形成呼应；运用点绘技法呈现蝶翼上的细腻花纹；雏菊的花芯镶嵌玛瑙，光影流转间剔透感十足；底部用两束叶片丰满构图，缠线铜丝做出藤蔓点缀其间，两花一蝶便描绘出了春意盎然之景象。

秋之华·菊花簪

深秋时节，菊花为萧瑟的秋色增添了一抹绚烂的色彩，它素来都是历代诗词、绣样、首饰等喜爱的题材。用烫平的绒片修剪成菊花花瓣，烫出弯曲的弧度，组装好的菊花姿态婀娜，用薄绢染色制作烫花叶片与小花，与渐变亮色的主花搭配，不需要多余的配件点缀，作品整体既轻盈又华美，可谓『众芳凋零君独艳』。

仲夏夜·幽蝶花舞簪

夏夜温柔，心事阑珊，时光静好，此刻永恒。作品整体以蓝白色调为主，表现仲夏夜的宁静与温柔。用蓝色铜丝制作掐丝绒花，每朵花都制作一层花萼，增加细节与精致度，细致的手绘蝴蝶花纹，似深蓝绸缎般的夜色有了星点光芒。

鸣夏·蝉兰发簪

幽谷深处，蝉音兰香，在兰花枝末端加上岫玉雕刻的蝉配件，使发簪作品更加生动。

绕花丝套料琉璃珠钗

套料琉璃也称套玻璃，是在玻璃胎上满套与胎色不同的另一色玻璃，之后在外层玻璃上雕琢花纹，在做好的器物上可见凸雕效果，既有玻璃的质色美，又有纹饰凹凸的立体之美。

作品以套料琉璃珠为主体，上方做珍珠颤枝穿过珠子，下方做绕花丝，结合掐丝绒花做装饰，底部点缀双层辑珠小花。

花与蛇·角雕掐丝绒花簪

丽色缠绕，宝石镶身，蛇身上有着独特的神秘、美丽与危险并存的魅力。花与蛇在自然界中是两种截然不同的生命形式，一个代表了柔美与生命力的绽放，另一个则是神秘与力量的化身，当二者相遇，定能编织出一幅有着奇妙意境的美丽画卷。

作品用角雕的蛇头作为牡丹的花心，巧妙融合花与蛇两个元素，主花色调用暗红来凸显蛇的部分，流畅的枝杆能够表现蛇身的蜿蜒，其间用亮色的小花和叶子点缀，营造出花与蛇同饮甘霖、共享春夏的和谐共生的画面。

倚梅·窗景耳挖簪

玉窗微启，红梅绽放，玉雕的窗格配件上围绕一枝红梅，框住梅影绰约，细品时光沉淀。

意·竹外桃花发簪

『竹外桃花三两枝』这句诗出自宋代诗人苏轼的《惠崇春江晚景》。发簪作品以竹枝与桃花为题材，翠蓝渐变青绿的竹叶排布于一根枝条之上，其间点缀粉白桃花，用简洁的线条与构图表现生机勃勃的春日景象。

古香·太湖石兰花发簪

石老兰馨，香远益清。太湖石与兰花，都是中国传统文化中的经典美学形象，两者相遇，便构成了一幅充满禅意与雅致的图景。作品用掐丝绒花表现兰花，兰草叶则用缠花表现，使姿态显得更加飘逸灵动。

螳螂戏珠·花丝镶嵌辑珠发钗

螳螂用缠花和绕花丝来表现，虫身下的连接枝杆，穿过银镀金花丝镶嵌的叶片，作品整体浑然天成，搭配用南红玛瑙米珠与淡水珍珠编的辑珠球，运用多种工艺技法，使发簪各元素都一目了然，作品整体充满了自然意趣。

常世梦·粉黛菊盏钗

粉黛轻描镜中愁，菊花开尽晚风秋。螺钿华光藏心事，一片相思簪上头。

作品运用细致的螺钿片刻画小花花瓣上的纹理，堆叠出墨色的掐丝绒花簇。视觉中心的双层菊盏采用渐变粉色呈现深浅变化，与整体用色构成强烈视觉对比。值得注意的是，菊花花心所用戒面亦贴了螺钿片，其光泽既呼应小花上的螺钿装饰，又暗合『螺钿华光藏心事』的意境表达。

君意·竹梅菊发钗

翠竹凌寒、菊花傲霜、梅花在冰雪中盛放，三者在中国文化中都象征着坚韧不拔、高洁独立与顽强的生命力。作品将三者结合，用绒花表现菊花的丰盈绽放，梅花的清丽与竹叶的苍劲则用薄绢制作烫花体现，三种元素使用不同的色彩，各有其美态而不逊色，共同组成一幅生动的画卷。

寒潭天天·鱼戏莲叶发簪

在中国传统文化中，莲花与鲤鱼都是极具象征意义的元素。莲花出淤泥而不染、清雅高洁的特质，常被比作君子的品德；而鲤鱼则象征着富足、活力以及鱼跃龙门的壮志。二者结合便构成了一幅生机勃勃、自然灵动的画面。莲花与莲叶用掐丝绒花制作，荷叶间点缀珍珠作为露珠的意象表达，搭配岫玉雕刻的鲤鱼配件，作品简约而富有意境。

景珍·掐丝绒花瓷瓶簪

一簇紫花绿叶插于瓷瓶中，掐丝绒花用紫色铜丝制作，使掐丝边缘在视觉上似国画工笔描边。

照影·东陵玉水仙绒花钗

清泉侧畔，水仙轻倚，作品用细绒条组成的叶片，搭配掐丝绒花制作的水仙花，其花冠用东陵玉雕刻的碗花来代替，中间穿南红玛瑙小米珠，为整体清丽的碧色调增加了亮点。整个发簪皆在体现水仙花临水自照、花影曼妙的姿态。

照影·蝶梦水仙发钗

素裳飘逸立，彩蝶绕花行，作品整体都是素雅的用色，缠花叶片晕染出渐变的效果，在水仙花间加上一只驻足的蝴蝶，用螺钿片表现蝶翼上的花纹，又似水面的粼粼波光。

蛱蝶水仙花钗

根据自然界的轻涡蛱蝶来绘制蝶翼上的花纹，使蝴蝶更具写实美态。水仙花蕊用一簇玛瑙珠来代替，缠花叶片间亦点缀玛瑙珠，作品色彩和谐，花枝姿态优美。

黄梅枝·瓷瓶花簪

掐丝绒花做的黄梅花枝，姿态曲折婉转，花枝插于果绿色瓷瓶中，作品整体体现了中式插花独特的审美意趣。

翠翘·野花果步摇簪

野花与野果，生于自然之中，未经雕琢，却有着最质朴的美丽与生命力，用风化玛瑙珠做野果，六瓣花间用红玛瑙珠做花蕊，缠花叶片点缀铜丝脉络，整个作品意在体现山野辽阔间的野花、野果生长的画面与意境，金色流苏给发簪增添了一丝精巧与灵动。

春未收·芍药步摇

春尽夏生，芍药正当时。作品用掐丝绒花将芍药以平面花样的方式组装，配上孔雀蓝的缠花叶片，沉稳色彩的点缀使花朵更显娇俏。

琳琅盖·藕荷发钗

用多片相同的掐丝绒片呈放射状组装成荷叶的形态，搭配用老挝石雕刻的莲藕，花苞枝杆用正红丝线缠绕，使作品更加亮眼。

雅客·太湖石水仙景发钗

水仙与太湖石结合，营造出中式园林清丽脱俗的氛围。水仙的清雅与太湖石的古朴形成鲜明对比，却又相得益彰。用烫平的绒片制作水仙花，将花朵的姿态简化成纹样般的大致形态，靠枝杆与树叶的线条体现水仙花枝的灵动，搭配一块通透温润的太湖石造型雕件，作品整体似一处宁静景致。

意·紫竹梅发钗

紫色竹叶的掐丝绒片，围绕发簪中心的蓝玛瑙竹节雕件，竹枝间点缀金色梅花配件，蓝玛瑙流苏坠与竹节雕件呼应，营造出苍蓝欲滴的视觉效果。

海晏河清·绕花丝天然石发钗

『海晏河清』字面意思是海洋平静无浪，江河清澈见底，寓意着太平盛世，安居乐业的祥和景象。用双色绕花丝表现水纹与涟漪，发簪中间是用蓝东陵玉花瓣绑成的荷花，墨玉材质的荷叶，表现了在涟漪之中荷花盛开、清宁静好的自然氛围。

瓶中景·清供花钗

『清供』是中国古代文人雅士为营造审美意趣，在书斋、厅堂等空间陈设的精雅物件，通常包括花卉、水果、盆景、奇石、古玩、书画等品类。本作以玉髓花瓶雕件作为清供花的『器皿』，上方加上布局均衡的花簇；主体采用蓝粉撞色强化视觉张力，玛瑙圆珠错落点缀于花簇间，形成错落韵律，让花簇整体更加有层次感。

红枫青梅·烫花羊角发钗

渐变色的枫叶与重瓣梅花的搭配，表现出季节的变化，薄绢材质的烫花细腻轻盈，搭配质地温润的羊角发钗，展现秋冬更替的自然景致。

凌云渡·白鹭祥云步摇

白鹭与祥云都蕴含着吉利与美好的寓意，结合在一起寓意着吉祥如意，画面令人心旷神怡。在贝雕白鹭的底部，用绕花丝做出祥云纹样，其间点缀红玛瑙，给绕花丝云纹增加了层次与立体感，更好地表现出白鹭凌云展翅的姿态，米珠穿成流苏坠子，使发钗更具灵动之美。

福禄纳吉·绕线发钗

『葫芦』谐音『福禄』，是幸福安康、吉祥如意的象征。在葫芦形状的玛瑙雕件上以红色拴丝做绳结丝带，用同色系三股绕花丝做出葫芦轮廓，增加作品的层次感，搭配墨玉树叶，延伸一根点缀着南红米珠的藤蔓，作品整体仙姿道骨，寓意福禄纳祥。

竹梅双清·料器掐丝绒花排钗

料器梅花轻盈通透，马蹄螺米珠作为花蕊，掐丝绒花竹叶错落分布，穿插岫玉树枝雕件。

秋清·绒菊发簪

用细绒条组合成花瓣，做出呈盛开姿态的菊花，用绕花丝做的花蕊搭配南红玛瑙的戒面花心，在姿态灵动的枝叶上点缀南红米珠做的果簇，作品整体表现出秋日菊蓋盛开时沉静的古典之美。

初桃·螽斯花果发钗

螽斯与桃子，一动一静物，一虫一花果，看似无关，实则在中国传统文化中各自承载着丰富的象征意义。螽斯象征着延续与繁荣，而桃子则寓意长寿、健康。

用吉丁虫翅组装成螽斯，颤珠作为触角，料器桃子搭配掐丝绒花桃花、缠花叶子，使花、叶、果、虫各具不同的质感，发钗的姿态亦如古画般柔和舒展。

无尽夏·绣球花羊角插梳

无尽夏绣球花最引人注目的特点是其长达数月的花期。从初夏开始绽放直至深秋时节，花朵依然鲜艳。用绢做烫花叶片，搭配掐丝绒花做的绣球花簇，点缀珍珠与贝雕蝴蝶，蝴蝶触须用黑色鱼线制作，轻盈的花叶造型结合羊角三齿插梳，作品整体自然灵动。

自华·绕线福花珠钗

用翡翠水滴花瓣组装成5瓣小花，用东陵玉算盘珠组装成4瓣小花，用双色绕花丝做底，在绕花丝上对称地排开天然石小花，中间部分点缀蝴蝶雕件。具有古典气韵的绕花丝与天然石结合，二者相辅相成。

岩根绞·山椿发钗

以山茶花中的名品『岩根绞』为原型，用掐丝绒花制作山茶花，红白双色渐变的花瓣，以金曜石戒面为花心，搭配暗色调的叶片与太湖石，与花朵浓烈的色彩形成对比，枝叶的姿态生动舒展，展现山茶花在冬季至早春盛放的优雅姿态。

晨露花卉·羊角插梳

新艺术运动始于19世纪末，于20世纪初结束，是一场以工艺设计为主并涉及建筑、绘画等门类的艺术运动，席卷欧洲大陆、英美及其有关属地以及部分东亚和中亚地区。新艺术时期风格强调手工艺与自然主义，主要标志之一便是大量运用流线型、螺旋形和其他仿生学形态，灵感来源于自然界的植物、昆虫等，展现出自然生命的力量与柔美。作品用具有流线型的扇形框架打底，在这个结构上添加花朵与草叶，其间点缀珍珠作为清晨露珠的意象表达，展现自然美态。

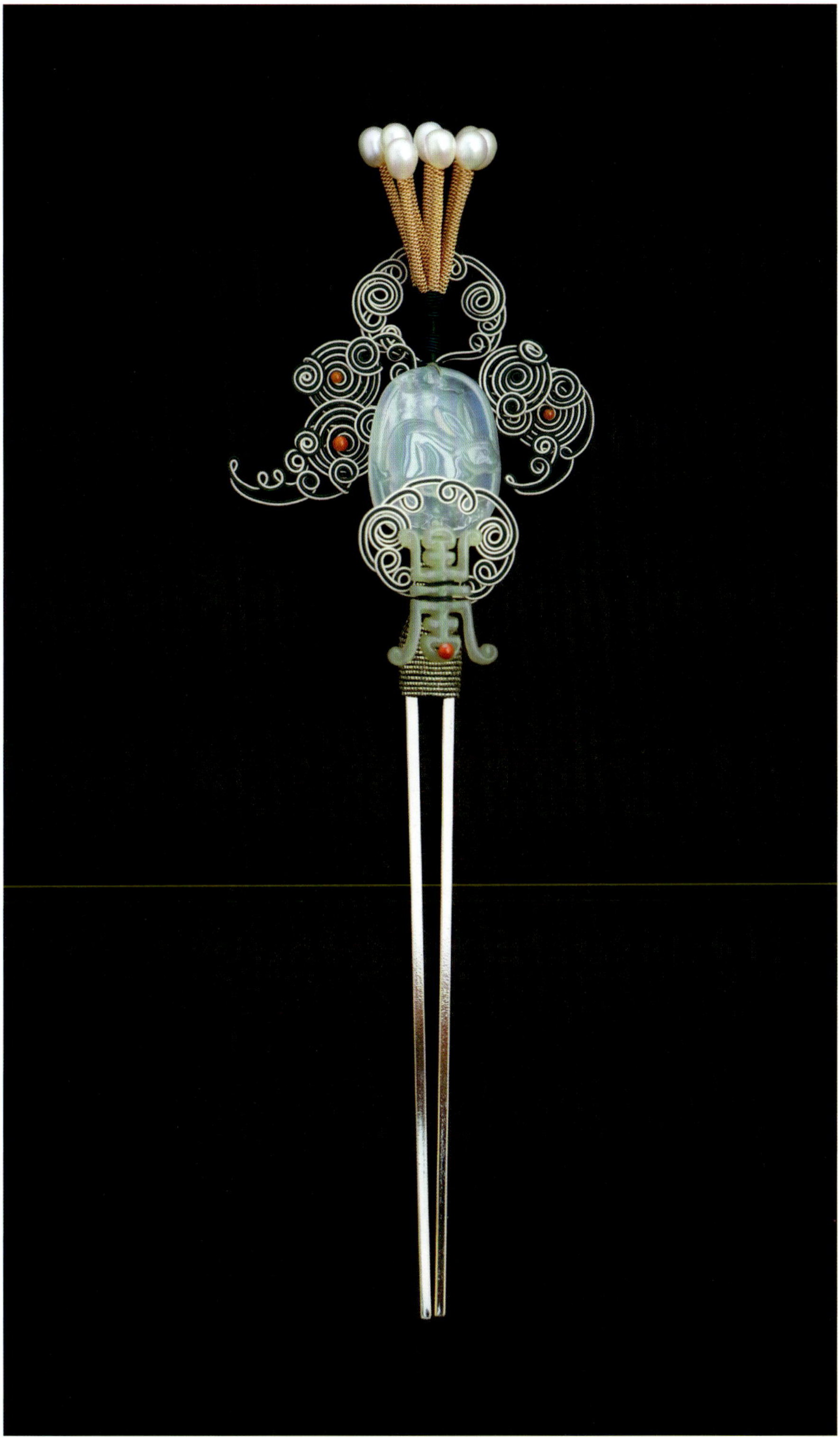

福兔献寿·绕花丝颤珠发钗

玉牌雕刻福兔样式，与绕花丝部件、寿字玉雕件，三种元素叠出层次，加上一簇珍珠颤枝，沉静内敛的美感跃然而出。

青仕·太湖石竹枝发钗

太湖石是中国四大名石之一。它色泽丰富，质地坚硬而细腻，孔窍玲珑，自然天成，其“瘦、皱、漏、透”的每个特征都极富观赏价值。在太湖石造型雕件中穿插一枝竹枝，其间点缀一个玉雕花苞，作品整体体现着竹影摇曳、怪石嶙峋的中式园林景观之美。

朝夕·竹枝牵牛花簪

牵牛花努力攀爬，而竹叶则以稳重的姿态矗立，二者结合便是妙趣横生的自然景致。料器牵牛花搭配掐丝绒花竹叶，缠花牵牛叶子搭配铜丝脉络，三种不同的工艺与材质，给作品增加了层次感。

万千花蕊·绕线莲花钗

岫玉花瓣搭配红玛瑙莲蓬雕件，青蛙造型的岫玉雕件伏在墨玉荷叶之上，绕花丝做出水纹与涟漪效果，既是自然景致的表达，亦呈现与意象相结合的美态。

福寿如意·蝙蝠纹样发钗

在中华文化中，蝙蝠因『蝠』字与『福』字谐音，而被广泛视为好运与幸福的象征。在传统节日与庆典中，蝙蝠图案常见于年画、剪纸、瓷器、衣物、首饰及建筑装饰上。用绕花丝做出蝙蝠的形态，搭配料器佛手、桃子，水晶元宝等代表如意、康宁的配件，作品整体古典精巧又寓意吉祥。

二月兰·绒花步摇

用烫平的绒片做出带弧度的花瓣，组装成兰花形态，自然灵动，兰草叶用缠花制作。

梵云·绕花丝岫玉簪

既知身是梦，一任事如尘。以悟道为题材的岫玉雕件，用不同颜色与形态的绕花丝做出多个层次的祥云，使玉雕似置身如梦似幻的云雾之中，表达作品中蕴含的顺其自然的意境，体现随遇而安的淡泊心态。

岁寒三友·簪梳套组

该作品以『岁寒三友』为题材的簪梳三件套。松竹梅香传千古，岁寒情深意更稠。素雅高洁的用色表达其自有傲骨、不畏严寒的品格。竹梅部分的工艺用的是掐丝绒花，使竹梅元素轮廓清晰，造型挺拔；松枝则以缠花为底，用金墨细细绘制松纹，使作品整体层次丰富。用两种不同的传统手工艺制作，亦在表达此主题下不同质感的碰撞与融合。

簪影映佳人

模特：诸葛钢铁的铁
摄影：莫莫

模特：诸葛钢铁的铁
摄影：莫莫

模特：诸葛钢铁的铁
摄影：莫莫

模特：小七
摄影：五一

附录一

手稿收录

◆ 附录二 ◆

花片线稿